我国南方水稻土

水稻产量演变特征及其肥力因素驱动机制

李忠芳 胡 宁 王亚防 娄翼来 唐 政 潘中田 著

李忠芳 胡 宁 王亚防 唐 政 潘中田 贺州学院
娄翼来 中国农科院农业环境与可持续发展研究所

中国农业科学技术出版社

图书在版编目（CIP）数据

我国南方水稻土水稻产量演变特征及其肥力因素驱动机制 / 李忠芳等著 . -- 北京 : 中国农业科学技术出版社 , 2023.12

ISBN 978-7-5116-6599-7

Ⅰ. ①我…　Ⅱ. ①李…　Ⅲ. ①水稻栽培 – 土壤肥力 – 研究　Ⅳ. ① S511

中国国家版本馆 CIP 数据核字 (2023) 第 250054 号

责任编辑　张志花
责任校对　王　彦
责任印制　姜义伟　王思文

出 版 者　中国农业科学技术出版社
北京市中关村南大街 12 号　　邮编：100081
电　　话　（010）82106636（编辑室）（010）82109702（发行部）
（010）82109709（读者服务部）
网　　址　https://castp.caas.cn
经 销 者　各地新华书店
印 刷 者　北京捷迅佳彩印刷有限公司
开　　本　148 mm × 210 mm　1/32
印　　张　3.125
字　　数　90 千字
版　　次　2023 年 12 月第 1 版　2023 年 12 月第 1 次印刷
定　　价　29.80 元

本书的出版得到以下项目和平台的支持：

广西自然科学基金项目“广西红壤性水稻土长期施肥下产量演变特征及机制”（2021JJA150077）

广西自然科学基金项目（桂科 AD23026037）

贺州学院博士启动基金项目（2023BSOD10）

广西“中田大山楂”安全优质高效生产技术集成应用示范推广（桂科 AA16380033）

陈化机制对六堡茶品质的影响研究（2023KY0728）

“广西康养食品科学与技术重点实验室”

贺州学院“十四五”学科建设项目－茶学硕士点建设

内容简介

水稻是我国重要的粮食作物，在粮食安全中占有极其重要的地位。水稻的产量受到诸多因素的影响，如气候、土壤肥力、管理措施等。施肥作为主要的农艺措施既能影响产量，也能改变土壤肥力。因此，越来越多的农业科学家将目光集中到长期施肥对作物产量和土壤肥力可持续性的影响上。

本研究选择我国南方 70 个水稻长期定位监测点不施肥和常规施肥两个处理的水稻籽粒、秸秆产量、施肥量、土壤有机质和氮磷钾养分等近 10 年的数据材料，利用趋势分析、方差分析、回归分析和通径分析等方法，系统分析和比较了我国南方淹育型、渗育型和潴育型水稻土，这 3 种主要水稻土类型上早、晚稻产量与土壤肥力因素的关系演变趋势及主导影响因素，以及典型潴育型水稻土驱动产量的主要肥力因子、驱动特征差异，研究结果对于深入认识不同培肥模式下水稻产量变化特征及与肥力因素功能间的内在规律具有重要科学意义，亦为合理培肥地力和发展可持续农业提供理论依据。

本研究主要结果和结论如下。

（1）不同水稻土类型对水稻产量与长期施肥之间的关系影响显著。长期不施肥下，水稻产量较低，集中在 $2.1 \sim 4.0$ thm^{-2}，其中淹育型、潴育型和渗育型水稻土平均籽粒产量分别为 2.3 t·hm^{-2}、3.1 t·hm^{-2} 和 3.6 t·hm^{-2}，渗育型水稻土基础地力相对较高；常规施肥条件下，3 种水稻土籽粒产量相对于不施肥分别增加了 134%、83% 和 131%。长期施肥下，3 种水稻土产量变化趋势不同。淹育性水稻土无论施肥与否都以 43~97 $kg hm^{-2} a^{-1}$ 的速率显著下降；潴育型水稻土不施肥下产量稳定，施肥下水稻产量呈显著上升趋势（57 ~ 61 $kg \cdot hm^{-2} \cdot a^{-1}$）；渗育型水稻不施肥下产量呈显著下降趋势（−117 ~ −39 $kg \cdot hm^{-2} \cdot a^{-1}$），施肥下产量稳定。结果说明，不同类型的水稻土其产量对施肥的响应不同。另外，施肥可提高水稻产量的可持续性指数（SYI），施肥下 SYI 值为 0.66，不施肥下 SYI 均值较低为 0.34。

（2）经过长期施肥后，在各个主要肥力因素中，水稻产量对土壤中有效磷的含量更为敏感。土壤中有效磷低于 30 $mg \cdot kg^{-1}$ 时，即使土壤有机质、全氮、有效氮含量呈下降趋势，水稻产量仍然会随土壤有效磷含量增加而增加；土壤中有效磷高于 40 $mg \cdot kg^{-1}$ 时，其产量变化趋势受土壤有机质、全氮、有效氮含量影响。且早稻对土壤中有效磷的含量较晚稻更为敏感。所以在有机肥与无机肥配合施用基础上，推荐施用足量磷肥（P_2O_5 50.0 ~ 63.9 $kg \cdot hm^{-2}$），且重在早稻季，可使南方双季稻高产稳产。

（3）我国南方双季稻产量的主要肥力驱动因子各地有明显差异。对广西桂林、钦州及玉林 3 个潴育型水稻土长期的分析表明，桂北地区的桂林点土壤有效磷为首要因素，而桂南地区玉林和钦州点则以土壤有机质及氮含量为主要的肥力因素。依据通径系数累加得到各个肥力要素的排序，第一肥力因素为土壤有机质（玉林晚稻、钦州早稻），第二为土壤有效磷（桂林早稻）、有效氮（玉林早稻）和土壤总氮（钦州晚稻），而钾在各点均未达到显著影响水平。因此，依据区域特征采取有针对性措施是持续、高效培肥土壤的保证。

ABSTRACT

Rice is one of the main food crops in the world, especially in China. Rice yield is comprehensive performance of factors from soil fertility, climate conditions and management practices and so on. The fertilization application is the main agronomic practices to increase both rice yield and soil fertility. Therefore, more and more agricultural scientists focused on the effects of long-term fertilizer application on sustainable food production and soil fertility.

In this research, we collected 10-years data of rice yield, fertilization application amount and paddy soil nutrient contents from 70 long-term experiment sites in Southern China within double cropping system. The experiments had two treatments: non-fertilization (control), and manure with nitrogen, phosphorus and potassium fertilizer. Trend analysis, ANOVA analysis, regression analysis and path analysis were used to explore the relationship between rice yield and soil fertility nutrient factors on the three typical paddy soil type: submerged, percogenic and hydragric paddy soils, and the determiner in the relationship was induced and analyzed. The regional difference also had been resolved. hydragric paddy soils in Guilin, Qinzhou and Yulin which all belong to Guangxi Zhuang Aatonomous Region were compared by the main factors drove rice yield. The results could provide scientific references for reasonable application of fertilizers and sustainable agriculture development. The major results were as follows:

(1) Paddy soil type had the significant effect on the relationship between rice yield and long-term CF application. Rice yields in all sites under the control were 2.1-4.0 $t \cdot ha^{-1}$, among which, rice yields of submerged, percogenic and hydragric paddy soils were 2.3 $t \cdot ha^{-1}$, 3.1 $t \cdot ha^{-1}$ and 3.6 $t \cdot ha^{-1}$ on average. Hydragric paddy

soil had the higher basic production. With the application of fertilizer, the rice yields were increased 134%, 83% and 131%, respectively. The yields were changed different on 3 soil types. On submerged paddy soil, the production of rice decreased by 43-97 $kg \cdot ha^{-1} \cdot a^{-1}$ whether in control or CF treatment. While, on percogenic paddy soil, the rice yield kept stable under control treatment, and significantly increased with 57-61 $kg \cdot ha^{-1} \cdot a^{-1}$ under fertilizer. On hydragric paddy soil, rice yield decreased with 39-117 $kg \cdot ha^{-1} \cdot a^{-1}$under control, and CF just kept the constant production. The results indicated that on different soil types, the rice yield response differently to fertilization. In addition, fertilization could increase the sustainable yield index (SYI), which was 0.34 under control and 0.66 under CF. Fertilization improved the stability and sustainability of rice yield.

(2) Rice yield was more sensitive to available phosphorus (AP) after long-term fertilization. When the AP was lower than 30 $mg \cdot kg^{-1}$, the rice yield increase with the increasing AP, even if the soil organic matter (SOM), soil total nitrogen (TN) and available nitrogen (AN) decreased. When the AP was higher than 40 $mg \cdot kg^{-1}$, the rice yield was determined much by SOM, TN and AN. Early rice was influenced more significantly than late rice. Thefore, a biger amount of phosphorus fertilizer (P_2O_5 50.0-63.9 $kg \cdot ha^{-1}$) was recommended with application CF, especially more phosphorus input in early rice.

(3) The main soil fertility factors that drove rice yield in local zone were different. Analysis of hydragric paddy soils in Guilin, Qinzhou and Yulin of Guangxi, Guangxi Zhuang Aatonomous Region showed that in Guilin, the north of Guangxi Zhuang Aatonomous Region, soil AP was first important to rice yield. While, in Yulin and Qinzhou, the south of Guangxi Zhuang Aatonomous Region, SOM and TN play the determinate roles. By adding coefficient from the Path Analysis, the order of soil fertility factors affected the rice yield in the three places were: SOM(early rice in Qinzhou, late rice in Yulin)>AP(early rice in Guilin)>AN(early rice in Yulin)>TN(late rice in Qinzhou). The K fertilizer has no significant effect on rice yield in the three places. In summary, the specific fertilization application should account for the local conditions.

目　录

第一章 绪论

1.1 研究目的和意义

土壤圈物质养分循环与解决农业可持续发展和生态环境建设是提高作物产量及质量的关键所在（赵其国，1997; 曹志洪等，2008）。土壤肥力演变规律、发展趋向及其调控对策是当今土壤科学研究的四大重点之一（徐明岗等，2006; 张会民等，2008）。而人们进行农业耕作的目的就是通过提高土壤肥力等相关因素来提高土壤生产力获得更高的作物经济产量，土壤肥力因素的各种性质和土壤的各种自然、人为环境条件构成了土壤生产力（黄昌勇，2000）。所以，土壤生产力的演变综合反映了土壤肥力演变及其人类、环境因素的影响，是施肥和耕作合理性与可持续性的重要体现。但生产力的影响因素众多，且各因素间存在不同程度的交互作用，这使研究土壤生产力演变及探究其主要驱动因子增加了较多困难。而在所有土壤类型中，水稻土提供作物生长的环境具有较好的水热稳定性（李忠芳等，2009b），作物生长受不同区域水热影响相对较小，较多体现出生产力演变对土壤肥力的响应关系，这使通过土壤肥力与生产力变化间的动态关联解释生产力演变特征成为可能。

我国土壤类型多，当前的耕地中主要有四大土壤类型，分别是红壤、黄壤、黑土、水稻土，其中水稻土面积占全国总耕地面积的 1/4，水稻土是其中之一，其面积占全国总耕地面积的 1/4，我国种植水稻的历史已有 7000 多年，水稻土是自然土壤在人为水耕熟化过程中形成的特殊的人为湿地土壤（曹志洪等，2008）。目前土壤学的研究从单纯追求高产转变到既强调土壤生产力又强调土壤的生态功能，并重视土壤修复，以确保土壤可持续利用（曹志洪等，2008）。显然，我们需要借助长期施肥试验或试验点来对其可持续性进行研究，因为农田生态系统的养分循环与平衡过程具有缓慢性、渐进性和累积性变化特点，短期研究很难发现长期过程的规律性及其控制机制；长期定位试验是发现并掌握农田生态系统生态过程变化规律的重要手段和基础（杨林章等，2008）。对这些系统的历史资料和保存的样品进行深入挖掘与分析，探明现土壤生产力演变的规律及其持续生产能力，对于明确我国南方水稻产量演变态势及保证国家粮食安全具有重要意义。

1.2 长期不同施肥下作物产量演变研究进展

1.2.1 长期不同施肥下产量演变的研究现状

科学工作者可通过长期试验研究产量变化的趋势，即通过拟合散点图的趋势线来研究复杂的产量变化态势（Regmi et al., 2002; Hao et al., 2007）。产量变化的影响因素比较复杂，总体而言，在不同年代影响的主要因素不同，Pirjo 等（2009）的研究表明 1960—2005 年作物产量的上升在 3 个时间阶段上分别有益于农业技术的推广、农业的精准管理和加入欧洲共同体改变农业政策与市场，总体上包括品种的改进和施肥等技术的提高。而大区域气候变化也对作物产量产生巨大的影响（Maltais-Landry et al., 2012）。正因为粮食产量的变化与世界各国政治经济密切相关，所以其日益受到科学家的关注，科学家们通过各种方式展开研究。而长期施肥积累的历史数据及样品具有系统性和完整性，为进行相关研究提供了资料。

国外研究者分析了长期施肥或监测条件下产量的变化趋势，并对其影响因素做出了简单的推测。如 Ladha 等（2003）分析了 33 个稻麦轮作长期定位试验中施用 NPK 化肥下作物产量的变化趋势，其中水稻产量的下降比小麦更为明显，并认为这是由土壤退化（土壤有机质下降等）引起的。而 Regmi 等（2002）基于 20 年稻麦轮作试验的研究表明，小麦和水稻 NPK 与 FYM 处理产量均呈下降趋势但幅度不大（$-0.05 \sim 0.09\ t \cdot hm^{-2} \cdot a^{-1}$），初步认为土壤 K 的损耗和施用 K 肥量不足是作物产量下降的首要原因，此外，还有可能是播种时间的推迟。然而，Manna 等（2005）研究了 30 年的长期定位试验，表明在大豆－小麦轮作系统中持续施用 NPKM 和 NPK ＋ Ca 可以维持作物产量，并且不存在土壤质量的退化问题。普遍的研究表明，化肥配合施用有机肥能维持土壤养分稳定而进行可持续性生产，反之，不平衡施肥产量呈下降趋势（Wanjari et al., 2010）。产量长期演变中，影响因素较复杂，要明确土壤养分的演变及对产量变化的影响还需要更系统资料的分析（Ladha et al., 2003)。也有较多是关注气候变化对产量演变的研究，如 Maltais-Landry 等（2012）用 DSSAT 模型进行模拟分析表明气候对稻麦系统中作物产量产生显著影响，其中又以降水影响最大。但其研究者认为这过于敏感还需改善，需综合更多因子及对时间分段分析较为妥当。

国内研究者多数基于某种土壤类型或某一区域分析作物产量趋势，如 Fan 等（2005）分析了在我国黄土高原进行的长期施肥试验中产量趋势与有机质之间的关系。黄欠如等（2006）研究表明，N 肥单施或与 P 肥、K 肥配施，生产稳定性显著下降，且随时间的延长，增产效率均呈线性下降，其下降速率表现出 NP>N>NK 的趋势，至 18 ～ 21a 后，产量水平相当或者低于无肥区（CK）。在化肥配合不同种类有机肥时对产量的演变也不同，Li 等（2010）的研究表明化肥配合高质量有机肥下产量呈显著上升趋势。总之，国内外的这些研究有一致性，即在旱地系统中得到比较确定的结论，不施肥或化肥偏施作物产量呈下降趋势，而化肥配合有机肥作物产量在较高水平上呈稳定或上升趋势（Manna et al., 2005; Xu et al., 2009; Boubi et al., 2010）。而不同施肥处理下土壤养分变化较复杂，总体上施肥利于土壤有机质的提高，与产量稳定上升一致（Ladha et al., 2003; Tirol-Padre et al., 2006; Li et al., 2009; Li et al., 2010）。但是部分研究持不同观点，如 Lithourgidis 等（2006）对连续种植冬小麦的产量变化趋势研究表明，小麦的籽粒产量尽管表现出时间上的差异性，但在所有供试土壤中均未发现其作物产量呈显著的下降趋势。这些研究表明同一类型的施肥方式在不同地区产量的变化趋势及原因有差异，对于其对应的养分含量与产量的响应也不同，稻作系统的有机质提高并不导致高产。而在某些热带或亚热带地区长期施 NPK 作物产量下降可能是由于施了氮肥导致土壤酸化引起的（Barak et al., 1997; 王伯仁等，2005），在红壤上表现尤为明显（徐明岗等，2005）。而在稻作系统上，由于其为人工的湿地生态系统，具有较好的水热稳定性，影响其产量趋势的因素与旱地不同，所以国内外研究结果差异较大。本人所在课题组的前期工作中分析了我国三大作物产量的总体趋势，水稻产量较稳定，而玉米随施肥等条件多呈显著上升或下降趋势，印度等地方的研究却认为水稻较小麦下降更为严重。

由上面分析可知产量变化趋势已经受到许多研究者的关注（Yadav et al., 2000），其变化原因除了上面提到的与施肥措施、养分变化及管理等（黄欠如等，2006; 王开峰等，2007）因素有关外，还表明了产量趋势与其初始产量有关系。研究普遍认为产量的初始值越高越容易呈下降趋势，产量的变化值与初始值呈显著的负相关关系（黄欠如等，2006; Hao et al., 2007; 王开峰等，2007; Xu et al., 2009），也有研究结果正好相反（Hao et al., 2007）。而在不同作物上其相关性问题，张会民等（2009）进一步研究发现虽然初始值与产量的变化呈负相关，但在不同作物上表现不同，小麦呈极显著相关，而水稻无显著相关。因此，其演变的影响还有待进一步从区域范围和深度上不断加强研究。

1.2.2 长期不同施肥下土壤生产力的稳定性与可持续性特征

可持续性农业的发展是全世界农业研究、政府管理和政策制定所需要长期考虑的问题，尤其是在发展中国家。然而，中国农业受到了现代农业实践导致的资源衰竭和环境恶化等结果的挑战，所以中国有必要建立一个农业持续的综合评价体系及提供可持续发展的建议（Wenna et al., 2007）。作物产量作为土壤质量的一个重要指示，它是土壤各种生物特性供给植物生长综合作用的结果（Chaudhury et al., 2005）。因此，对于水稻产量的稳定性也逐渐受到重视（马力等，

2011），同时作为一个生态系统，通过产量的变化来研究系统的稳定性和抗逆性（王鑫等，2011）。国外对长期施用不同肥料后系统生产力变化及可持续性做了大量研究，提出了评价不同养分管理系统可持续性的指标，认为产量可持续性指数（Sustainable yield index, SYI）是衡量系统是否能持续生产的一个重要参数，SYI越大系统的可持续性越好。Manna等（2005）研究结果表明SYI值在不同施肥下的大小顺序为：NPKM>NPK>NP>N>CK。一般认为在不同施肥下，化肥配合施用有机肥效果高于单独施用化肥或化肥偏施（Manna et al., 2005; Chaudhury et al., 2005; Bhattacharyya et al., 2008; Majumder et al., 2007），如CK、N和NK处理作物SYI值低（0.14 ~ 0.45），而NPK及NPKM处理SYI值高，作物产量可持续性好（李秀英等，2006; Zhang et al., 2009）。不同的耕作方式（如耕作深度不同）和轮作方式也影响作物的SYI（Ghosh et al., 2003; Turner et al., 2005; Sharma et al., 2005; Chauhan et al., 2007）。在国内，Zhang等（2009）的研究发现，在红壤中作物施NPK肥虽能提高作物产量，但在试验期较长时不能维持其高产。李秀英等（2006）研究了褐潮土中长期不同施肥旱地作物的SYI，认为NPK化肥配施及NPK配施有机肥可使作物持续高产，农业生产系统可持续性强；而不均衡施肥致使农业生态系统养分不均衡，可持续性差。可见，在不同土壤类型上施用NPK其产量可持续性不尽相同。本课题组在前期研究中应用SYI分析了我国三大作物产量可持续性，认为合理施肥及稳定的水热条件利于作物产量可持续性提高。马力等（2011）的研究表明，与旱季小麦相比，在稻季条件下，水稻产量稳定性更高，且增产趋势更明显，说明稻田土壤生态系统稳定性高，并且随着耕作年限的延长其稳定性有提高趋势。因此，研究稻季稳产的影响因素及其动态变化可为进行农业系统可持续生产提供理论基础。

1.2.3 研究土壤生产力演变特征的其他参数与方法

国内外长期施肥试验越来越受到重视并广泛地展开，有些已经进行了相当长的时间，如英国的洛桑试验站开始于1843年（徐明岗等，

2006）。而对作物产量及其变化的研究所用的方法和参数也得到发展和丰富。以往进行作物种植主要是收获作物的经济产量，通过直接比较产量差异来分析相应施肥或其他管理措施的效果，这是多数研究者最常用的方法。由于产量受气候影响较大，可以用 3 年或 5 年滑动平均的方法作图，这样能更好地研究产量的变化规律。而长期施肥中可以获得连续多年的产量，作物的产量反映着不同的施肥模式、管理制度、土壤质量及气候等多个因素的综合作用，所以可以通过综合分析产量差异和演变过程折射出更多的自然规律。当前可较好地表征产量的演变特征的方法和参数有以下 3 种。①产量的变化趋势，是用产量随着时间（年）做成散点图，依据散点图拟合简单的直线作为其趋势线（一元一次方程），并依据其斜率（年变化值，单位为 $kg \cdot hm^{-2} \cdot a^{-1}$）大小来评定产量随着时间变化的情况。而对于整体性的如气候等影响的某一大区域趋势，则需要用一些较为复杂的方法，如 Tirol-Padre 等（2006）利用随机回归系数分析法［The random regression coefficient analysis（RRCA）］和荟萃分析法（Meta-analysis）研究了印度、尼泊尔、孟加拉国和中国 33 个长期施肥点各种作物总体的产量趋势。②产量可持续性指数（SYI）是衡量系统是否能持续生产的一个重要参数，SYI 越大系统的可持续性越好，其计算方法（Singh et al., 1996; Manna et al., 2005）为：$SYI = (\bar{Y} - \sigma_{n-1}) / Y_{max}$，其中 $\bar{Y}$ 为平均产量，σ_{n-1} 为标准差，Y_{max} 为试验点的最高产量。③用数学模型或经验模型来模拟产量的长期演变（Adam et al., 2011; Shen et al., 2011）。但是，影响作物的产量因素多且复杂，区域土壤和作物参数以及其他环境参数的获取困难是困扰作物模型在区域应用的主要问题（莫兴国等 , 2003）。如借助多个典型的长期施肥平台及其长期记录的珍贵数据及样品将比单个独立和短期的试验具有更大的优势。国际上较成熟的作物生长模型很多，其中澳大利亚的 APSIM（Agricultural Production Systemssi Mulator）模拟系统得到广泛应用，且其核心突出的是土壤而非植被（Dilys et al., 2009; Mohanty et al., 2011）。

施肥可以改善作物的生长环境，利于作物吸收养分增强光合作用、增加同化产物的积累（徐明岗等, 2000; 徐明岗等, 2005; 徐明岗等, 2006）。如施用有机肥能提高可供作物吸收的速效养分含量，利于土壤养分的积累（宇万太等, 2007），同时还可以增加土壤有机质。合理施肥还可以改善作物养分在不同器官的分布，促进养分的吸收和良性循环，从而达到优质高效生产的目的（Zhang et al., 2009; 胡昊等, 2009）。不合理施肥往往不仅不能增产，反而浪费资源、破坏环境（陆景陵, 2003），影响可持续性生产。水田系统中，黄欠如等（2006）的研究表明化肥单、偏施可加速土壤缺施养分的耗竭，导致产量稳定性下降，而保持养分的均衡供应则有助于提高稻田生态系统的生产稳定性。

1.3　研究契机和拟解决的关键问题

1.3.1　本研究的切入点

研究表明，作物产量长期演变趋势日益受到研究者的关注。目前仅从长期施肥试验点上分析的不同施肥下产量的变化趋势（Fan et al., 2005）；也有些研究利用 SYI 对长期施肥中作物产量的变化进行研究，但目前集中在不同的耕作方式或施肥上比较其大小来说明产量的可持续性程度（李红陵等, 2005; 李秀英等, 2006; Manna et al., 2005; Wenna et al., 2007）。也有通过模型进行模拟分析产量与各因素的关系（Adam et al., 2011; Shen et al., 2011）。这些方法和数学模型对评价和遴选出最优的增产稳产施肥模式起了很大的作用。然而，作物产量是各种自然因素和人为因素的综合表现，演变的驱动因素较多且复杂，因此产量演变反映了人为因素与环境是否协调，以及预测其后期变化，故其研究正从区域范围和深度上不断加强。而我国南方高温多雨，土壤养分强烈风化易淋溶流失，引起土壤养分缺乏、酸化和有机质含量低，急需一种生态高值的栽培模式。首先需要回答不同气象因子、土壤类型、区域间及耕作制度对施肥的长期效应差别如何。其次探讨建立更好的可比的方法或指标，以便更好地研究产量演变的机制，建立高产稳产的生态友好型生产模式。

前期研究玉米、小麦和水稻产量演变时发现水稻的产量比较稳定，即使在我国南方也如此，无明显的下降趋势，对应养分的研究也发现其水田有机质含量及其他养分含量相对较高，且相对稳定（李忠芳，2009; 李忠芳等，2009b; 李忠芳等，2010）。因此，研究我国南方水稻土水稻产量演变的特征及提炼出高产稳产的栽培模式，对于南方土壤肥力培育及进行生态高值农业生产具有重要意义。本研究拟在前阶段研究基础上，点面结合（点为长期施肥试验点；面为国家组织耕地质量广泛监测），深入探究水稻耕作系统中高产稳产的机制，提出适合我国南方农业生产的生态高值模式。

1.3.2 拟解决的关键问题

本研究主要在原长期定位试验基础上，以农业农村部布置国家级土壤质量试验点中南方水稻土的原始数据材料为基础，分析长期不同施肥（不施肥和常规施肥）对土壤生产力演变的影响，以及不同区域、不同水稻土亚类及不同耕作下的特征，探讨驱动水稻土、水稻产量演变的主要因子，定量评价不同施肥及配比下水稻产量长期变化特征及其影响产量演变的方向与程度，探讨产量演变的影响机制，提炼高产稳产稻田生产模式和合理培肥方法。

1.3.2.1 长期监测下水稻产量变化趋势

长期施肥下及试验点水稻产量的演变趋势、产量综合演变指数、年变化率及可持续性指数，明确不同施肥及轮作（耕作）下产量的演变特征，提炼 1 ~ 2 个新的综合表征产量演变参数。针对国际学者提出的东南亚的稻作系统作物产量呈广泛的显著下降趋势，本研究通过长期定位监测这种具有持续性及代表性的材料佐证我国南方水稻土不同施肥下产量总体趋势及其机制。

1.3.2.2 长期监测下水稻产量变化趋势的主要驱动因子分析

（1）分析长期试验点的土壤不同肥力因素，如土壤有机质、土壤氮磷钾有效量与全量、pH 值的时间演变特征，以及其在不同施肥和水稻土亚类上的差异。

（2）综合生物统计方法探讨在不同人为措施和气象条件下，动态耦合土壤养分因素（不同活性组分的有机碳氮磷、土壤氮磷钾有效量与全量、pH 值）演变对产量演变的驱动方向与强度。

（3）探求不同栽培模式下影响产量的主要驱动因素及权重，提炼最优（兼顾环境和经济角度）生产模式和培肥方法。

1.4 研究技术路线

本研究的技术路线如图 1-1 所示。

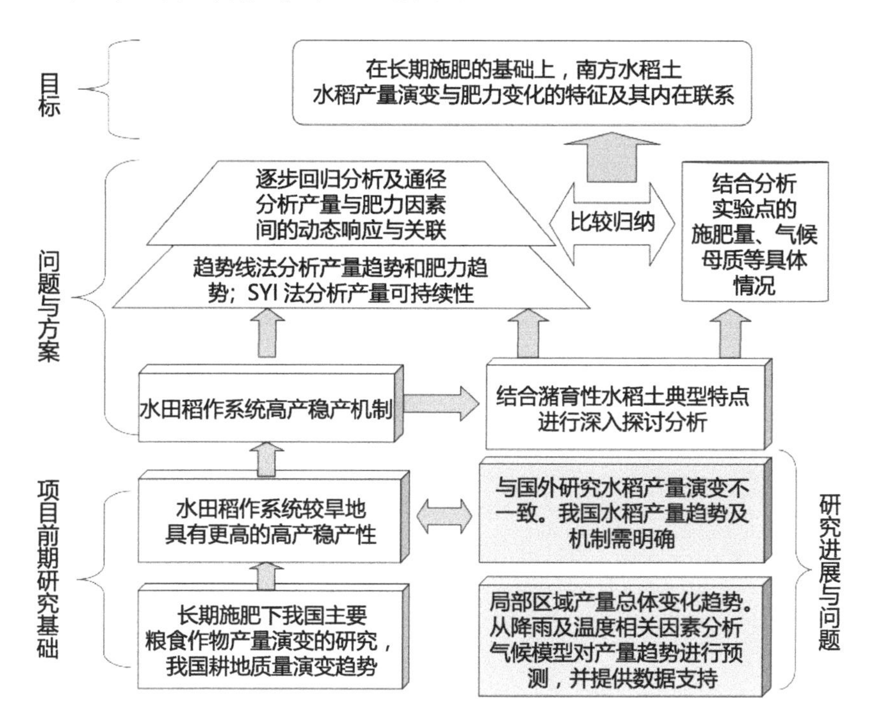

图 1-1 本研究的技术路线

1.5 研究方案

我国水稻土分布范围广，其主要种植方式有稻 - 稻连作、稻 - 麦（油菜）轮作、稻 - 稻 - 肥、单季稻等种植方式。本书选择具有广泛代表性的、农业农村部在全国布置的 70 个南方水稻土试验点和土壤养分等相关数据，通过对产量演变相关因素的动态相关分析，以及逐步回归及通径分析提出我国南方水稻土可持续生产的最佳模式，分析和评价不同施肥下稻田生产力演变的主要驱动因素和权重，以及其区域差异，预测稻田生产力变化趋势。

第二章 材料和方法

2.1 总体试验点材料

针对水稻土障碍因子多、中低产田面积大、施肥不平衡、肥料利用率低等问题，从1985年开始，农业部（现为农业农村部）在全国布置了88个试验点，包括了全国的主要水稻土类型，测定土壤有机质、全氮、碱解氮、速效磷、速效钾、缓效钾、pH值、水稻产量、养分投入量等。本书为了更集中及兼顾材料的丰富性上，主要选取了我国南方水稻土上70个试验点8年以上的系列籽粒和秸秆产量与肥力等数据及相关材料作为主要研究对象。主要选取了纬度低于31°的试验点，分布情况是：安徽（2）、福建（2）、广东（3）、浙江（7）、江苏（5）、江西（8）、湖南（12）、湖北（10）、重庆（3）、四川（14）、广西（6）等共13个省区市。每个试验点设空白区（不施肥）、常规施肥区两个处理，秋季采样土壤，作物收获时记录产量、采样植株样品。在综合分析水稻土质量总体变化的基础上，为了深入分析不同亚类土壤质量演变差异，将水稻土按照渗育型水稻土8个试验点（表2-1）、淹育型水稻土8个试验点（表2-2）、潴育型水稻土54个试验点（表2-3）3个类型进行讨论。相关详细材料见《耕地质量演变趋势研究》。

潴育型水稻土典型点试验为广西桂林、玉林和钦州3个试验点的长期定位施肥试验，均为10年以上，时间分别为1987—2005年、1987—2003年和1997—2010年，其各点土壤类型均为潴育型水稻土，耕作制度均为早稻-晚稻，小区面积为100 m^2，无重复。各试验点均设对照（不施肥）和常规施肥（依据当地农民的施肥量）处理。试验点的地理和气象情况见表2-1，可知桂林点地处广西北部（桂北），而玉林与钦州处于广西南部，桂林的降雨量和气温均低于玉林和钦州，桂林点成土母质为石灰岩坡积物，与另两点不同。试验初始时，桂林点土壤有机质、全氮和有效氮含量均高于玉林点和钦州点的含量，但有效磷含量不到玉林的1/10，也不到钦州的1/3。桂林点、玉林点酸碱度近中性，仅钦州点为酸性，pH值5.4。各试验点的施肥量代表农民的施肥水平，每年施肥量根据当地最常用的施肥量作调整，所以这里是平均值，桂林点和玉林点的施肥量相对高于钦州点的，氮肥为尿素，磷肥为过磷酸钙，钾肥为氯化钾。有机/无机养分是施用有机肥中分别提供养分与总施用养分（主要计算N-P-K）百分数均值，用以表示有机肥所提供养分占总体的份额。

表2-1　渗育型水稻土试验点的基本情况

试验点号	建点年度	省份	地区（市）	东经/°	北纬/°	成土母质	第一季	第二季
GDX51-03	1990	广东	茂名	110.050	22.500	花岗岩洪积物	早稻	晚稻
SCX61-07	1985	四川	泸州	105.450	28.867	侏罗系沙溪庙	单稻	
SCX61-06	1990	四川	成都	103.850	30.700	灰色冲积物	小麦	单稻
SCX61-05	1990	四川	成都	103.850	30.700	灰色冲积物	小麦	单稻
SCL61-18	1985	四川	成都	103.850	30.700	灰色冲积物	小麦	单稻
SCL61-17	1984	四川	成都	103.850	30.700	灰色冲积物	油菜	单稻
SCX61-11	1994	四川	南充	106.417	31.517	侏罗系砂页岩	单稻	
SCL61-19	1984	四川	南充	106.417	31.517	紫色砂页岩	单稻	

注：为了通过各地经纬度考察空间差异及方便进行运算和空间分异性差异，在此把经纬度的分除以60转换为带小数点的度，下同。

表2-2　淹育型水稻土试验点的基本情况

试验点号	建点年度	省份	地区（市）	东经/°	北纬/°	成土母质	第一季	第二季
GZX55-05	1985	贵州	安顺	105.917	26.267	第四纪红色黏土	0	单稻
ZJX31-01	1985	浙江	衢州	119.017	29.017	第四纪红色黏土	早稻	晚稻

续表

试验点号	建点年度	省份	地区（市）	东经 /°	北纬 /°	成土母质	第一季	第二季
CQL40-02	1992	重庆	重庆	106.549	29.579	侏罗系沙溪庙组	单稻	
SCL61-16	1984	四川	成都	103.850	30.700	灰色冲积物	小麦	单稻
SCL61-13	1989	四川	成都	103.850	30.700	灰色冲积物	小麦	单稻
HNX45-10	1998	河南	信阳	114.050	32.167	下蜀黄土		单稻
HNX45-11	1998	河南	南阳	112.383	32.717	冲积物		单稻
HBL05-06	1987	河北	保定	115.893	39.529	洪冲积物	单稻	

表 2-3　潴育型水稻土试验点的基本情况

试验点号	建点年度	省份	地区（市）	东经 /°	北纬 /°	成土母质	第一季	第二季
GDX51-01	1998	广东	湛江	109.973	20.377	玄武岩残积物	早稻	晚稻
GXX53-04	1997	广西	钦州	108.650	21.950	砂页岩坡积物	早稻	晚稻
GXL53-06	1987	广西	钦州	108.650	21.950	砂页岩	早稻	晚稻
GDX51-02	1987	广东	云浮	112.034	22.102	花岗岩	早稻	晚稻
GXL53-08	1987	广西	玉林	110.350	22.717	硅质砂岩	早稻	晚稻
GXL53-04	1987	广西	柳州	109.383	24.450	砂页岩坡积物	早稻	晚稻
YNX67-07	1987	云南	楚雄	101.565	25.046	紫色冲积物	单稻	
GXX53-01	1987	广西	桂林	110.317	25.083	石灰岩坡积物	早稻	晚稻
YNX67-06	1987	云南	曲靖	103.881	25.514	湖积物	单稻	
HNL43-11	1987	湖南	零陵	110.617	25.550	石灰岩	黄豆	晚稻
HNL43-12	1986	湖南	郴州	112.383	25.950	石灰岩	烤烟	晚稻
JX04	1998	江西	赣州	115.017	26.050	花岗岩类风化物	早稻	晚稻
FJX35-02	2002	福建	三明	116.901	26.567	红壤	早稻	晚稻
HNX43-05	1987	湖南	邵阳	110.900	26.800	钙质页岩冲积物	玉米	单稻
GZX55-04	1985	贵州	贵阳	106.850	26.833	砂页岩坡积物		单稻
HNL43-13	1987	湖南	怀化	109.583	27.250	河流冲积物	早稻	晚稻
FJX35-01	2003	福建	南平	118.017	27.467	坡积物	早稻	晚稻
HNX43-03	1987	湖南	株洲	113.433	27.533	板页岩冲积物	早稻	晚稻
JX06	1998	江西	新余	115.083	27.900	石英岩类风化物	早稻	晚稻

续表

试验点号	建点年度	省份	地区（市）	东经/°	北纬/°	成土母质	第一季	第二季
JX07	1998	江西	抚州	116.350	28.010	紫色泥页岩残留物	早稻	晚稻
HNX43-08	1987	湖南	娄底	111.700	27.933	河流冲积物	早稻	晚稻
HNX43-07	1987	湖南	长沙	112.300	28.117	河流冲积物	早稻	晚稻
JX05	1998	江西	宜春	114.500	28.167	红黏土	早稻	晚稻
JX09	1998	江西	鹰潭	116.917	28.200	红砂岩类残积物	早稻	晚稻
HNX43-06	1987	湖南	长沙	113.200	28.300	紫色砂页岩	玉米	晚稻
JX01	1998	江西	南昌	116.267	28.383	河积物	花生	萝卜
ZJX31-03	1997	浙江	台州	121.267	28.433	洪积物	早稻	晚稻
ZJL31-08	1986	浙江	台州	121.267	28.433	古海沉积物	晚稻	
HNX43-04	1987	湖南	益阳	111.900	28.467	板页岩冲积物	早稻	晚稻
JX08	1998	江西	宜春地区	114.950	28.533		早稻	晚稻
HNL43-10	1986	湖南	岳阳	112.767	28.867	板页岩	早稻	晚稻
SCL61-14	1984	四川	泸州	105.450	28.867	沙溪庙组砂页岩	单稻	
HBX43-03	1997	湖北	咸宁	114.000	29.000	花岗岩风化物	早稻	晚稻
HNX43-09	1987	湖南	益阳	112.783	29.200	河湖沉积物	早稻	晚稻
HNX43-01	1987	湖南	常德	111.583	29.533	第四纪红色黏土	早稻	晚稻
CQL40-03	1992	重庆	重庆	106.549	29.579	沙溪庙组	单稻	
CQL40-01*	1992	重庆	重庆	106.549	29.579	沙溪庙组	小麦	单稻
HBX43-07	1997	湖北	黄石	30.329	29.854	第四纪红色黏土	早稻	晚稻
HBX43-04	1997	湖北	黄冈	115.667	29.950	红砂岩	早稻	晚稻
ZJL31-01	1983	浙江	杭州	120.050	30.017	河流冲积物		
ZJL31-02	1983	浙江	杭州	120.050	30.033	河流沉积物	大麦	晚稻
SCX61-09	1985	四川	眉山	103.817	30.050	老冲积黄泥土	小麦	单稻
SCL61-15	1985	四川	眉山	103.817	30.050	老冲积黄泥	小麦	单稻
HBX43-05	1997	湖北	咸宁	114.183	30.100	长江冲积物	单稻	
HBL43-03	1989	湖北	武汉	114.383	30.317	晚更新世 Q3	早稻	晚稻
HBL43-02	1989	湖北	武汉	114.383	30.317	全新世 Q4 黏土	早稻	晚稻

续表

试验点号	建点年度	省份	地区（市）	东经 /°	北纬 /°	成土母质	第一季	第二季
HBL43-01	1987	湖北	武汉	114.383	30.317	第四纪红色黏土	早稻	晚稻
AHX23-03	1996	安徽	安庆	116.667	30.650	山河冲积物	紫云英	单稻
SCX61-13	2000	四川	成都	103.850	30.700	岷江灰色沉积物	小麦	单稻
SCX61-10	1985	四川	德阳	104.700	31.033	白垩纪下统	油菜	单稻
JSX21-01	1987	江苏	苏州	120.633	31.267	湖积物	小麦	单稻
HBX43-06	1997	湖北	荆门	112.383	31.417	第四纪红色黏土	小麦	单稻
HBX43-08	1997	湖北	随州	113.833	31.550	第四纪红色黏土	小麦	单稻
AHX23-04	1996	安徽	巢湖地区	117.676	31.686	下蜀黄土	小麦	棉花
JSL21-04	1987	江苏	镇江	119.833	32.083	下蜀黄土	单稻	

注：晚稻收获后留下根生长再生稻。

2.2　潴育型水稻土典型点材料

潴育型水稻土典型点选取桂林、玉林和钦州 3 个试验点的长期定位施肥试验（10 年以上，时间分别为 1987—2005 年、1987—2003 年和 1997—2010 年），其各点土壤类型均为潴育型水稻土，耕作制度均为早稻 - 晚稻，小区面积为 100 m^2，无重复。各试验点均设对照（不施肥）和常规施肥（依据当地农民的施肥量）处理。试验点的地理和气象情况见表 2-4，可知桂林点地处广西北部（桂北），而玉林与钦州处于广西南部，桂林的降雨量低于钦州，桂林的有效积温均低于玉林和钦州桂林点成土母质为石灰岩坡积物，与另两点不同。试验初始时肥料长期定位试验土壤基本理化性质见表 2-4，桂林点土壤有机质、全氮和有效氮含量均高于玉林点和钦州点的含量，但有效磷含量不到玉林的 1/10，也不到钦州的 1/3。酸碱度桂林点、玉林点近中性，仅钦州点为酸性 pH 值 5.4。各试验点的施肥量代表农民的施肥水平，每年施肥量根据当地最常用的施肥量作调整，所以这里是平均值，桂林点和玉林点的施肥量相对高于钦州点的（表 2-4），氮肥为尿素，磷肥为过磷酸钙，钾肥为氯化钾。有机 / 无机养分是施用有机肥中分别提供养分与总施用养分（主要计算 N-P-K）百分数均值，用以表示有机肥所提供养分占总体的份额。

表 2-4 长期肥料试验点概况

项目		地点		
		桂林	玉林	钦州
地理位置与气象	东经 / °	110.32	110.15	108.65
	北纬 / °	25.08	22.62	21.95
	成土母质	石灰岩坡积物	砂页岩坡积物	砂页岩坡积物
	年均气温 /℃	19.00	21.80	22.20
	年降水量 / mm	1 926.00	1 592.00	2 150.00
	有效积温 /℃	5 063.00	7 536.00	8 010.00
	平均每日太阳辐射 / ($m^{-2}\cdot d^{-1}$)	3.63	3.99	4.13
	无霜期 /d	310.00	340.00	342.00
初始土壤的理化性质	有机质 /($g\cdot kg^{-1}$)	49.90	42.00	33.50
	全氮 /($g\cdot kg^{-1}$)	3.05	2.11	1.24
	有效氮 /($mg\cdot kg^{-1}$)	254.00	172.00	131.00
	有效磷 /($mg\cdot kg^{-1}$)	2.10	50.00	6.40
	有效钾 /($mg\cdot kg^{-1}$)	27.00	32.00	22.00
	缓效钾 / ($g\cdot kg^{-1}$)	67.00	40.00	64.00
	pH 值	6.70	7.40	5.40
年施肥量	N/ ($kg\cdot hm^{-2}\cdot a^{-1}$)	346.6 ± 11.7	358.8 ± 12.5	322.2 ± 13.6
	P/ ($kg\cdot hm^{-2}\cdot a^{-1}$)	58.0 ± 2.8	59.5 ± 2.8	39.7 ± 2.3
	K/ ($kg\cdot hm^{-2}\cdot a^{-1}$)	222.4 ± 8.4	162.5 ± 7.7	112.4 ± 5.3
	有机养分所占比值 / %	16.40	13.30	7.10

2.3 研究方法

2.3.1 土壤理化性质的测定方法

土壤样品理化性质的测定项目与方法：有机质油浴加热重铬酸钾氧化法容量法、pH 值电位法、全氮（TN）凯氏蒸馏法；有效氮用碱解扩散法；有效磷采用 0.5 mol·L^{-1} $NaHCO_3$ 浸提、钼锑抗比色法；有效钾采用 1 mol·L^{-1} NH_4OAc 浸提、火焰光度法；缓效钾用 1 mol·L^{-1} 热 HNO_3 浸提、火焰光度法。

2.3.2　数据处理方法

（1）计算系列产量及其他肥力指标拟合年变化率。为了便于分析各系列产量和七大土壤肥力指标随着试验时间的变化趋势，本书采用制作散点图及直线回归拟合所得斜率（b）作为变化趋势大小的衡量，作图软件为 SigmaPlot 10.0。拟合趋势线即 $y = bx+c$，其中 y 为产量，x 为持续试验的时间从第 1 年到第 21 年，通过比较斜率（b）大小（年变化值，产量单位为 kg·hm^{-2}·a^{-1}，其他类推）及拟合的显著性（R）来说明产量变化趋势及程度。

（2）产量可持续性指数（Sustainable yield index, SYI）是衡量系统是否能持续生产的一个重要参数，SYI 越大系统的可持续性越好，其计算方法为（Singh et al., 1996; Manna et al., 2005）：$SYI = (\bar{Y} - \sigma_{n-1})/Y_{max}$，其中 $\bar{Y}$ 为平均产量，σ_{n-1}为标准差，Y_{max} 为试验点的最高产量。

（3）各试验点的趋势图用 SigmaPlot 10.0 制作，其他图用 Excel 2003 制作，包括散点图和依据散点图拟合的一条简单直线作为其趋势线，并依据当前研究方法通过比较斜率（年变化值，单位为 kg·hm^{-2}·a^{-1}）大小来评定产量随着时间变化的情况。不同施肥处理之间采用 LSD 法进行差异显著性检验（显著 $p < 0.05$，极显著 $p < 0.01$）。产量变化与其他因素间的通径分析用软件 SAS 9.0 实现，见图 2-1。

（4）土壤肥力因素对水稻产量的驱动差异。采用 SAS 软件参照任红松等方法进行水稻产量与土壤肥力之间的多因素回归分析和通径分析，对各产量系列（3 个试验点早、晚稻 6 个产量系列）拟合回归方程，$Y = ax1+\cdots\cdots+ gx7+k$，$Y$ 为施肥籽粒产量，$x1$ ～ $x7$ 分别为七大肥力因素指标：1 土壤有机质（SOM）、2 全氮（TN）、3 有效氮（AN）、4 有效磷（AP）、5 有效钾（AK）、6 缓效钾（SAK）和 7 酸碱度（pH）。首先通过逐步回归法选出能使多元一次方程达到显著的因素，然后分析计算入选因素的标准系数，即通径系数（为无量纲，各点间可比较），筛选出各试验点中影响产量的主要肥力因素及其大小，达显著水平并大于2个影响因素者则需进一步计算间接通径系数并分析其影响过程。

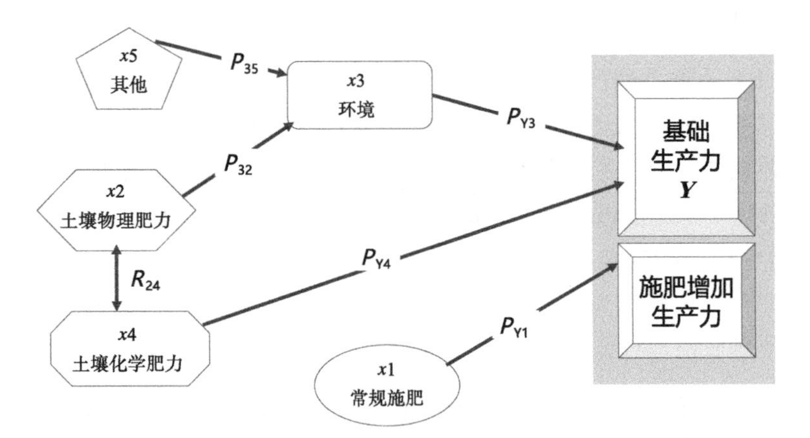

图 2-1　作物产量与施肥、土壤肥力因素通径分析示意图

第三章 南方水稻土水稻产量演变特征

水稻是我国三大粮食作物之一，在保证我国的粮食安全中占有极其重要的地位，其中南方水稻为主产区（辛景树等，2008）。目前施肥对水稻产量的影响在各试验点分别做了大量的研究（徐明岗等，2006; 辛景树等，2008），特别是长期定位施肥试验，能从生产的可持续性出发研究不同作物、施肥模式、地理区域上的演变特征，为国家制定全局的、长远的规划提供参考（徐明岗等，2006）。从水稻的种植方式上因其水热稳定性好，较旱地作物稳产（Zhong et al., 2009），进行可持续农业生产上具有较大的优势（李忠芳等，2010），但不合理施肥或管理不科学时水稻产量也可呈下降趋势。本人与所在课题组在前期研究了多个长期试验点玉米、小麦和水稻的产量变化趋势（Zhong et al., 2009），尚未对水稻产量趋势进行更深入的分析，如早稻和晚稻间是否有差异等，还有待进一步研究。长期施肥对粮食持续生产的影响及其程度、趋势一直是人类关注的重要科学问题，而从区域上对水稻产量变化趋势对不同施肥的响应尚不明确（Bi et al., 2009）。虽然水田具有较好的水热稳定性，然而不同轮作以及早晚稻间的产量变化有显著差异，不同环境条件下其变化也较为复杂。有必要综合分析不同区域和不同施肥下水稻产量变化趋势和特征，为建立稳产高产的生态高值农业提供依据。

3.1 南方水稻土不施肥和施肥产量差异

长期施肥试验点中，南方水稻土上主要栽培的粮食作物为水稻，其次还栽培玉米、大麦、小麦，因篇幅所限在这里主要分析早、晚稻产量来表征水稻土不同施肥间及土壤类型及各点位间的差异特征。

3.1.1 潴育型水稻土水稻产量差异

潴育型水稻土是最主要的水稻土亚类，在本研究中占所有试验点的 93%，分布较广，其作物产量差异较大。总体上，依图 3-1 可知，不施肥下水稻的早稻籽粒产量和秸秆产量相对较低，平均值分别为 3.05 $t \cdot hm^{-2}$ 和 3.03 $t \cdot hm^{-2}$，试验点各季籽粒和秸秆产量主要集中（95%）在 2.12 ~ 3.96 $t \cdot hm^{-2}$。而施肥条件下产量显著提高，早稻籽粒产量和秸秆产量分别为 5.65 $t \cdot hm^{-2}$ 和 5.52 $t \cdot hm^{-2}$，各试验点各季籽粒主要集中（95%）在 4.90 ~ 6.32 $t \cdot hm^{-2}$，秸秆产量分布稍宽，在 4.48 ~ 6.37 $t \cdot hm^{-2}$。晚稻产量也类似，籽粒产量和秸秆平均值分别为 3.08 $t \cdot hm^{-2}$

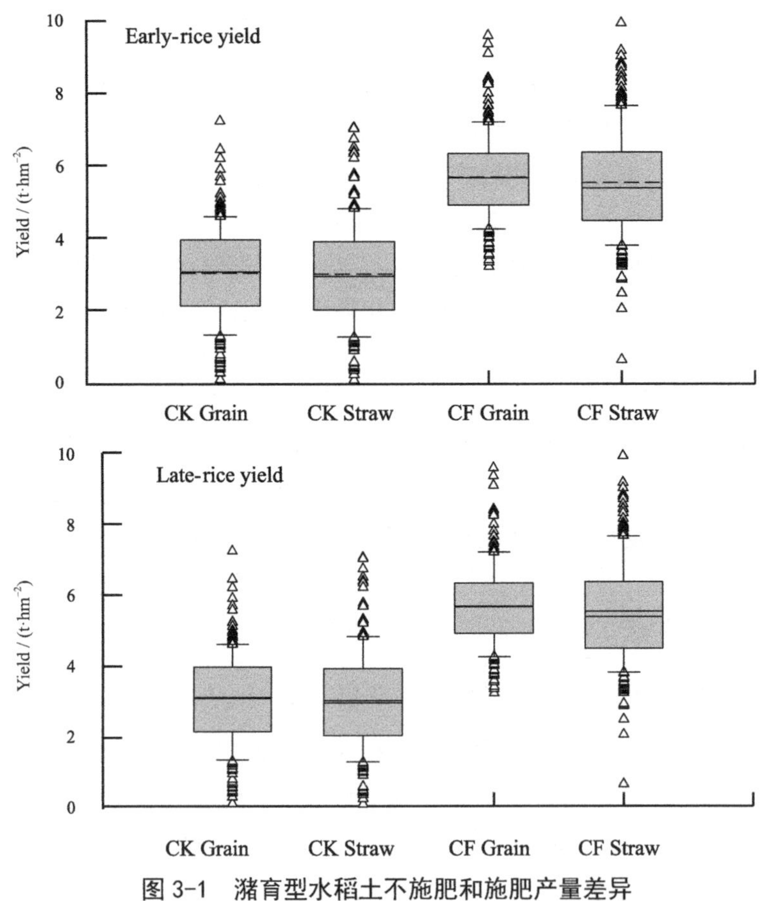

图 3-1　潴育型水稻土不施肥和施肥产量差异

和 3.02 t·hm^{-2}，各试验点各季籽粒和秸秆产量主要集中（95%）分布在 2.17 ~ 3.90 t·hm^{-2}。施肥条件下籽粒产量和秸秆产量分别为 5.67 t·hm^{-2} 和 5.54 t·hm^{-2}，各试验点各季籽粒和秸秆产量分布与早稻相似，即施肥后籽粒产量相对提高和集中。不同施肥或早、晚稻间籽粒与秸秆接近 1∶1，表明常规施肥下不影响作物收获指数的大小。

3.1.2　渗育型水稻土水稻产量差异

渗育型水稻土是的水稻土的一个重要亚类，在本研究中占所有试验点的 3%。总体上，依图 3-2 可知不施肥下水稻的早稻籽粒产量和秸秆产量相对较低，平均值分别为 3.80 t·hm^{-2} 和 4.03 t·hm^{-2}，各试验点各季籽粒和主要集中（95%）分布在 3.10 ~ 4.45 t·hm^{-2}。而施肥条件下产量显著提高，早稻籽粒产量和秸秆产量分别为 8.48 t·hm^{-2} 和 9.18 t·hm^{-2}。

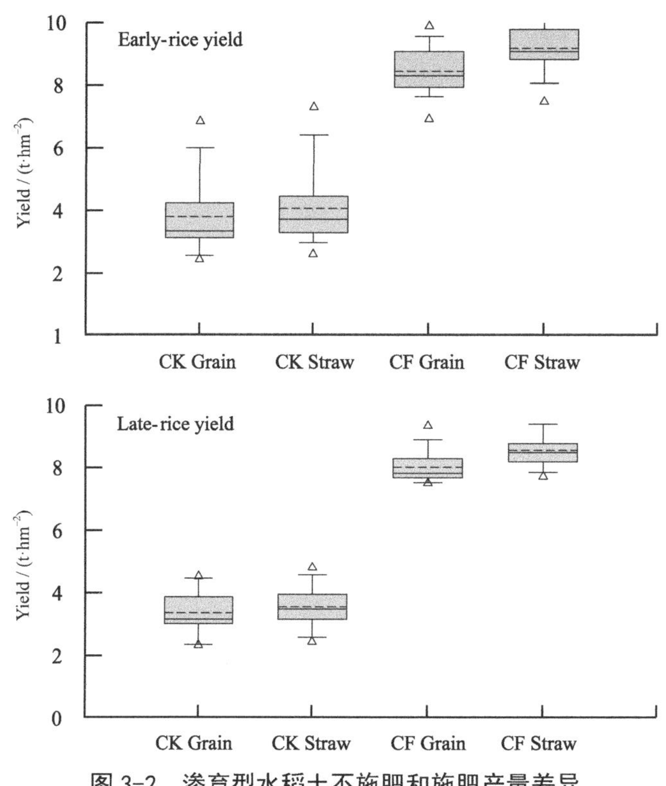

图 3-2　渗育型水稻土不施肥和施肥产量差异

各试验点各季籽粒和秸秆主要集中（95%）分布在 7.91 ~ 9.10 t·hm^{-2} 和 8.84 ~ 9.77 t·hm^{-2}。晚稻产量也类似，只是分布更为集中，不施肥籽粒产量和秸秆平均值分别为 3.34 t·hm^{-2} 和 3.53 t·hm^{-2}，施肥条件下籽粒产量和秸秆产量分别为 8.02 t·hm^{-2} 和 8.54 t·hm^{-2}。不同施肥及不同早晚稻季下籽粒与秸秆均接近 1∶1，即常规施肥下不影响作物收获指数的大小。渗育型水稻土与潴育型水稻土相比，不施肥产量间无显著差异，而施肥条件下渗育型水稻土产量显著高于潴育型水稻土 2.61 t·hm^{-2}。

3.1.3 淹育型水稻土水稻产量差异

淹育型水稻土也是水稻土的一个重要亚类，在本研究中占所有试验点的 3%。总体上，不施肥下水稻的早稻籽粒产量和秸秆产量相近（图 3-3），分别为 2.06 t·hm^{-2} 和 2.09 t·hm^{-2}，常规施肥下籽粒产量显著高于秸秆产量，

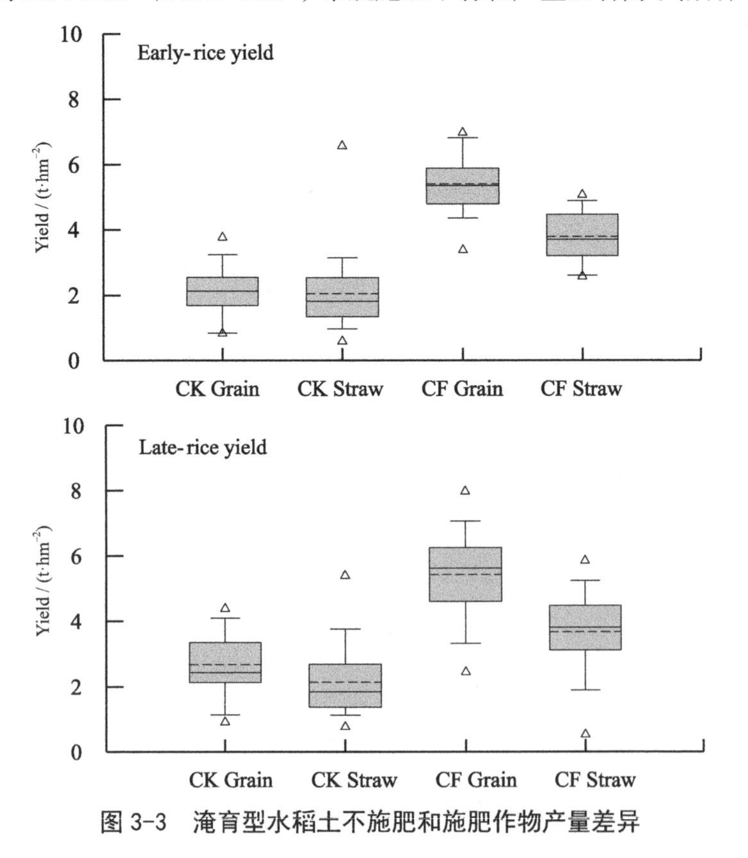

图 3-3 淹育型水稻土不施肥和施肥作物产量差异

分别为 5.36 t·hm^{-2} 和 3.78 t·hm^{-2}。晚稻产量类似，不施肥下水稻的籽粒产量和秸秆产量平均值分别为 2.67 t·hm^{-2} 和 2.10 t·hm^{-2}，各试验点各季籽粒和主要集中（95%）分布在 2.10 ~ 3.34 t·hm^{-2}，秸秆则偏低，为 0.72 t·hm^{-2}。而施肥条件下产量显著提高，晚稻籽粒产量为 5.40 t·hm^{-2} 和 3.66 t·hm^{-2}。各试验点各季籽粒主要集中（95%）分布在 4.61 ~ 6.25 t·hm^{-2}，同样秸秆相对低，为 1.74 t·hm^{-2}。不施肥籽粒与秸秆比 1.2 : 1，施肥下 1.5 : 1，表明常规施肥下可提高作物收获指数，这与前两种类型水稻土不同。

3.2　南方水稻土水稻产量变化趋势

目前，农业的生产不仅要求高产，同时关注生产过程对环境的影响及生产的可持续性和持久性。因此，需要具体分析作物产量长期的演变过程及特征才能更好地评估所在地栽培模式的合理性。本书通过作图具体分析各试验点各年产量随时间变化趋势，可直观快捷掌握不同试验点作物产量的变化趋势，同时借助统计数据进行归纳总结，为更好发现各典型演变特征的内在规律打基础。

3.2.1　潴育型水稻土水稻产量变化趋势

各试验点的水稻产量变化趋势图依纬度从高到低排列，利于从北到南的方位上观察其区域特征（图 3-4 至图 3-10）。总体上看，纬度较高试验点（图 3-4）安徽安庆点（AHX23-03）和湖北黄岗点（HBX43-04）水稻产量变化均呈上升趋势，其中施肥产量呈显著或极显著上升趋势，其他点相对稳定；而纬度稍低的试验点水稻产量变化较大，呈显著上升或下降趋势（图 3-5）。其中湖南长沙的两个试验点（HNX43-06 和 HNX43-07）早稻产量在不施肥和施肥条件下均呈显著下降趋势，而晚稻产量较为稳定。后面分析结果（图 3-8 至图 3-13）也可以看到共同的特征，即不施肥下产量易呈下降或显著下降趋势，其中年下降速率较大的为图 3-4 中的江西宜春地区 JX05 点，施肥后产量稳定或呈显著上升趋势。早晚稻相比，晚稻产量较早稻稳定，早稻下降速率和程度大于晚稻。具体年变化量的分析见水稻产量变化趋势的归纳总结部分。以下对各图进行具体分析。

图 3-4 分析可知，从不施肥处理看，下面 6 个小图 3 点各季产量较高表明其基础地力较高，其中 HBL43-04 呈下降趋势，而 AHX23-3 点的水稻产量却在不施肥条件下随时间呈上升趋势，其原因需调查氮沉降或通过灌溉或降雨导致养分输入还需要深入研究。而最下图的 ZJL31-01 的产量较低表明其基础地力低，随时间呈下降趋势。而施肥处理下，

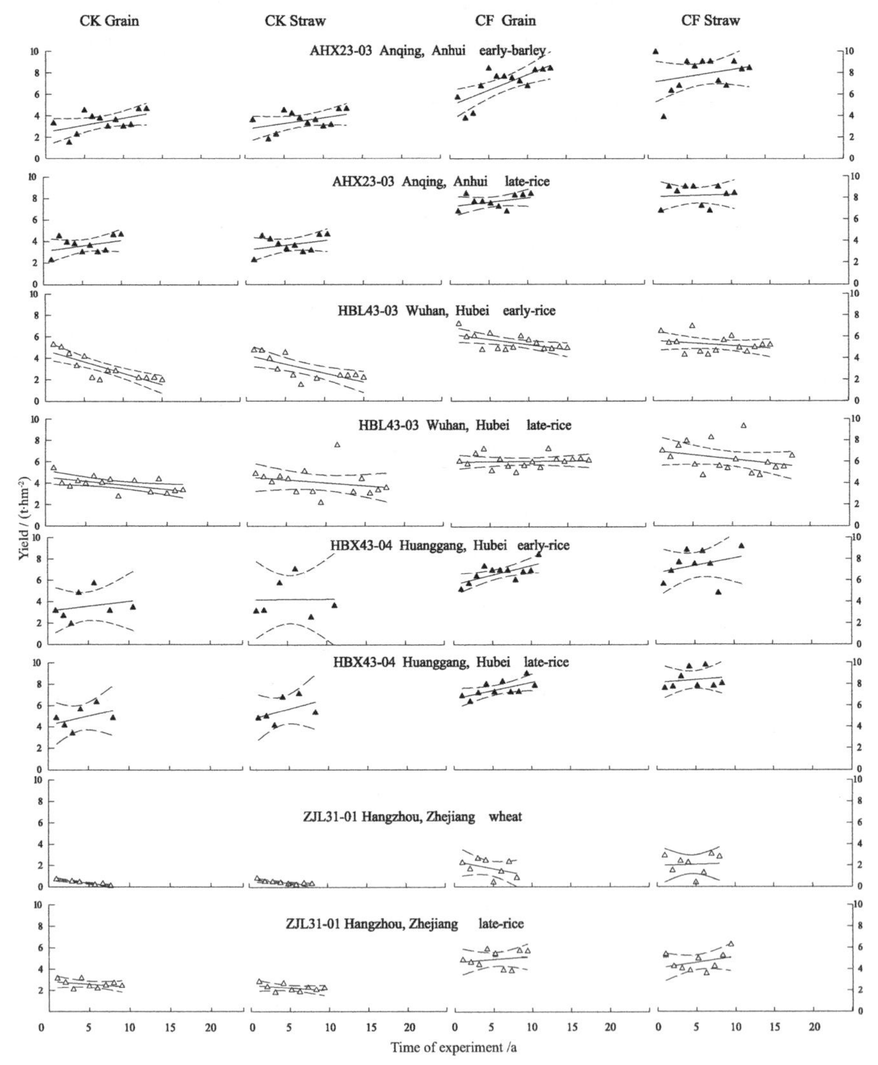

图 3-4 潴育型水稻土各试验点水稻产量变化趋势

各点产量均得到显著提高，除 HBL43-03 点的早稻籽粒和秸秆产量随时间呈显著下降外，其他点各季均呈上升趋势或在较高产量上的稳定。

图 3-5 分析可知，从不施肥处理看，4 点各季产量初始值均较高，表明其基础地力较高，但因得不到补充，各点均随时间呈显著下降趋势，表明其地力在没有其他养分输入后逐年下降。而施肥处理下，各点产量均得到显著提高，除 ZJL31-02 点的早、晚稻和 HNX43-01 点的早稻的籽

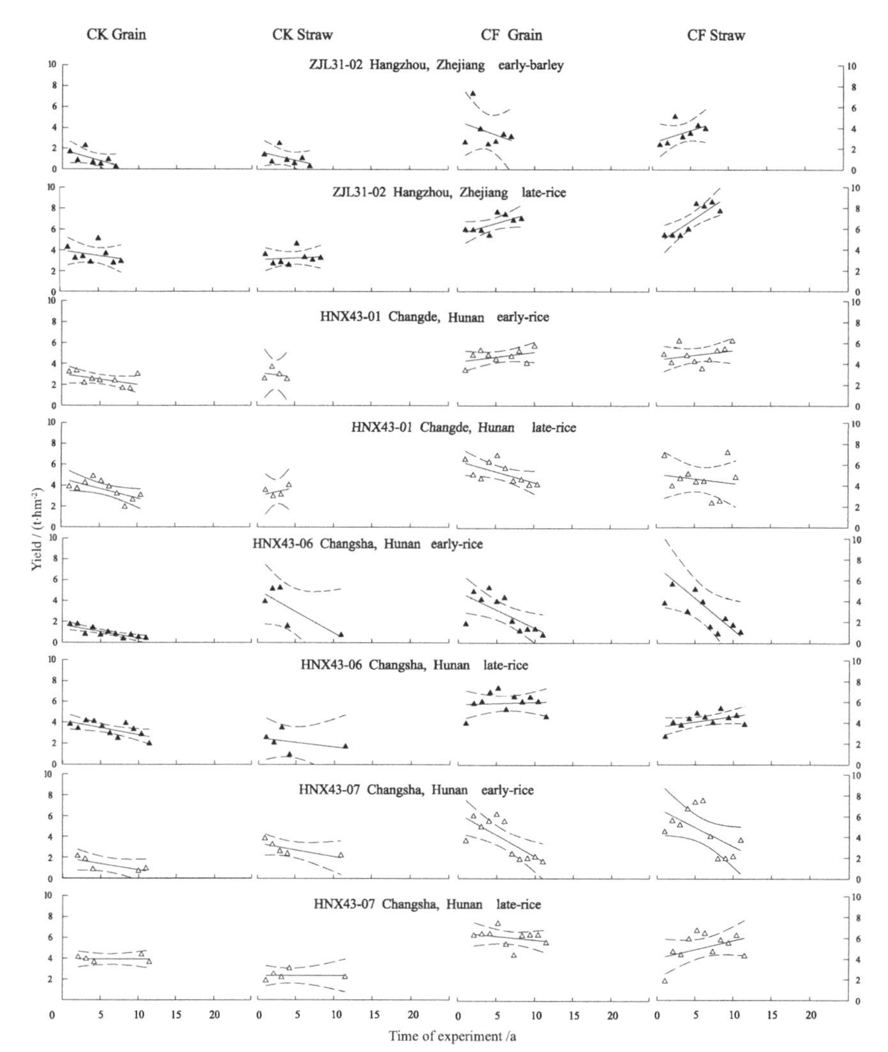

图 3-5　潴育型水稻土各试验点水稻产量变化趋势

粒和秸秆产量均随时间呈显著上升趋势外，其他点各季多数呈下降趋势，表明其施肥量或其他管理措施不能维持其初始产量而使产量逐年下降。

图 3-6 分析可知，从不施肥处理看，4 点各季产量初始值均较高，表明其基础地力较高，但因得不到补充，各点除 JX01 点外均随时间呈显著下降趋势，表明其地力在没有其他养分输入后逐年下降，而 JX01

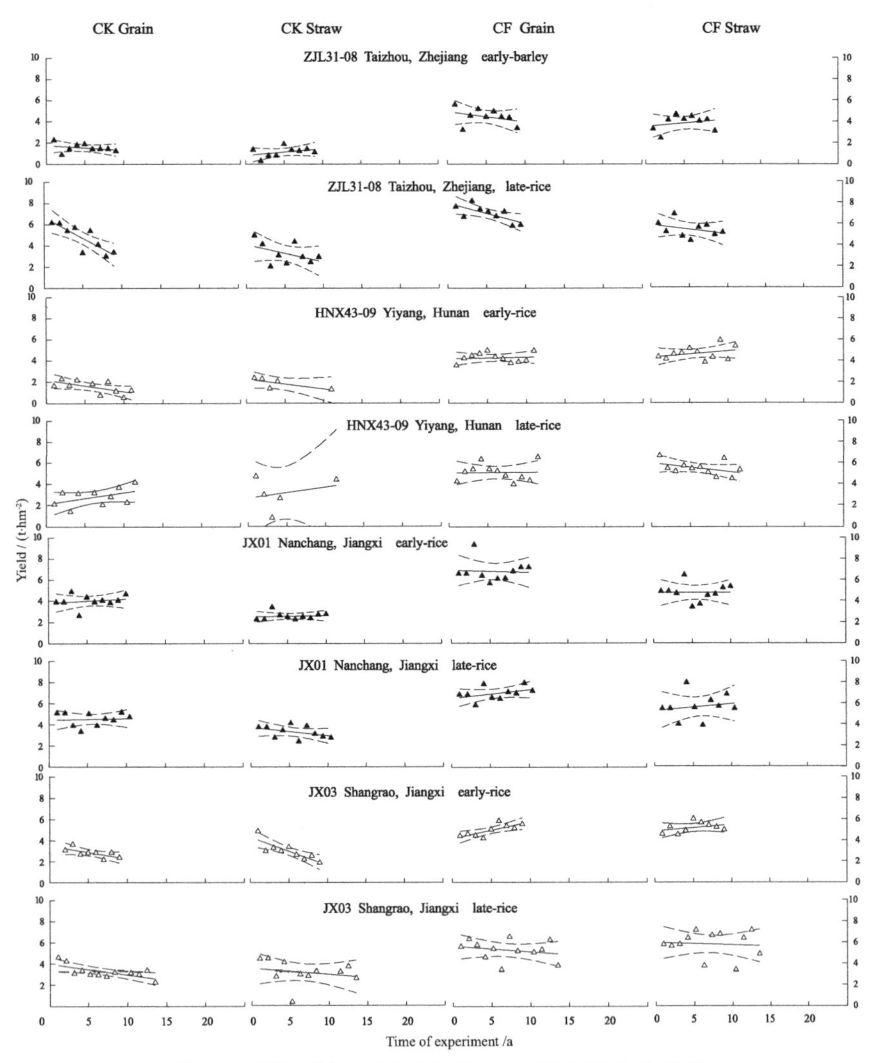

图 3-6 潴育型水稻土各试验点水稻产量变化趋势

点需要具体分析。而施肥处理下，各点产量均得到提高，但 JX03 点上增加值不显著，可能与其基础地力较高有关；而基础地力较低的 HNX43-09 点的早稻产量随时间呈显著上升趋势。

从图 3-7 可知，不施肥处理下，下面 6 个小图 3 点各季产量较高，表明其基础地力较高，除 JX06 点外均因得不到施肥对养分的补充而呈下

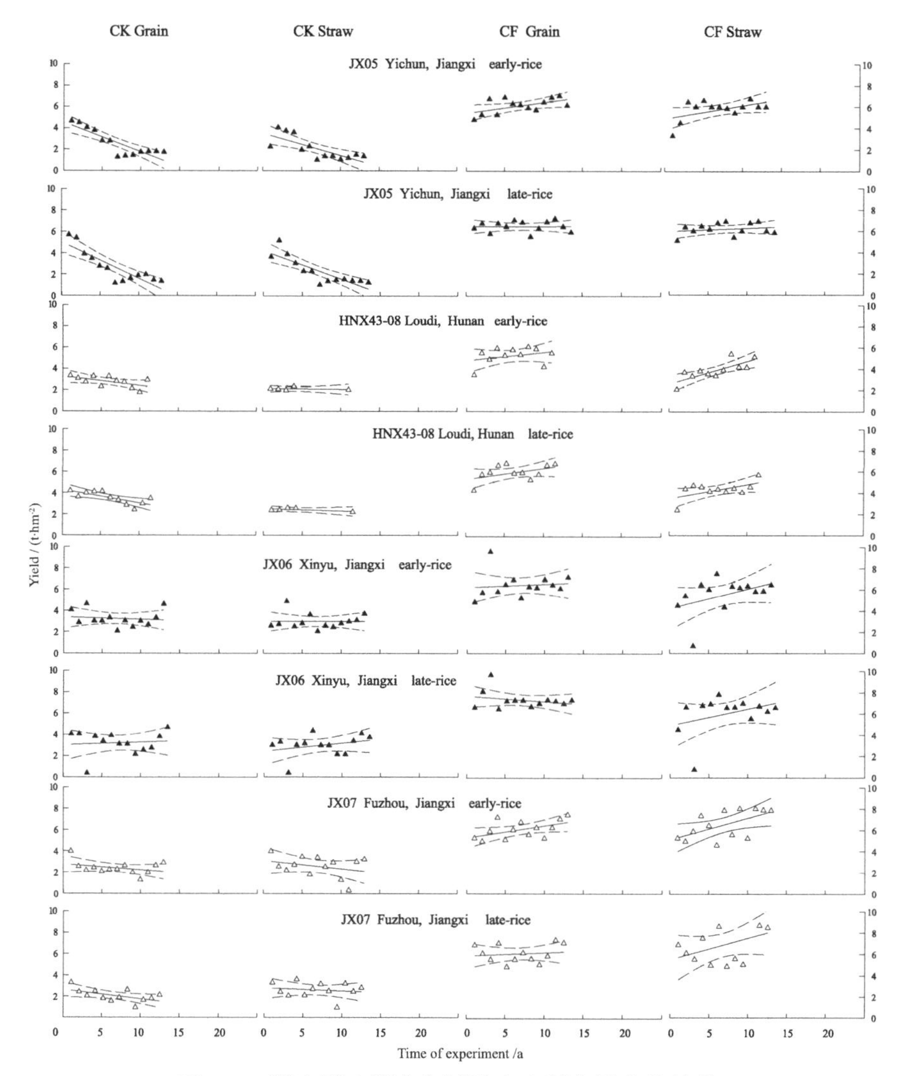

图 3-7　潴育型水稻土各试验点水稻产量变化趋势

降趋势，而 JX07 点产量较低，为 2 t·hm^{-2}，在不施肥下也能使产量得到维持。而施肥处理下，各点产量均得到显著提高且基础较低的 JX07 点提高幅度最大，总体上各点各季均呈上升趋势或较高产量上的稳定趋势。籽粒产量与秸秆产量差异较大的为 HNX43-08 点，其比值大于 2，表明收获指数较其他点高。

从图 3-8 可知，不施肥处理下，下面 4 个小图 2 点各季产量较高，

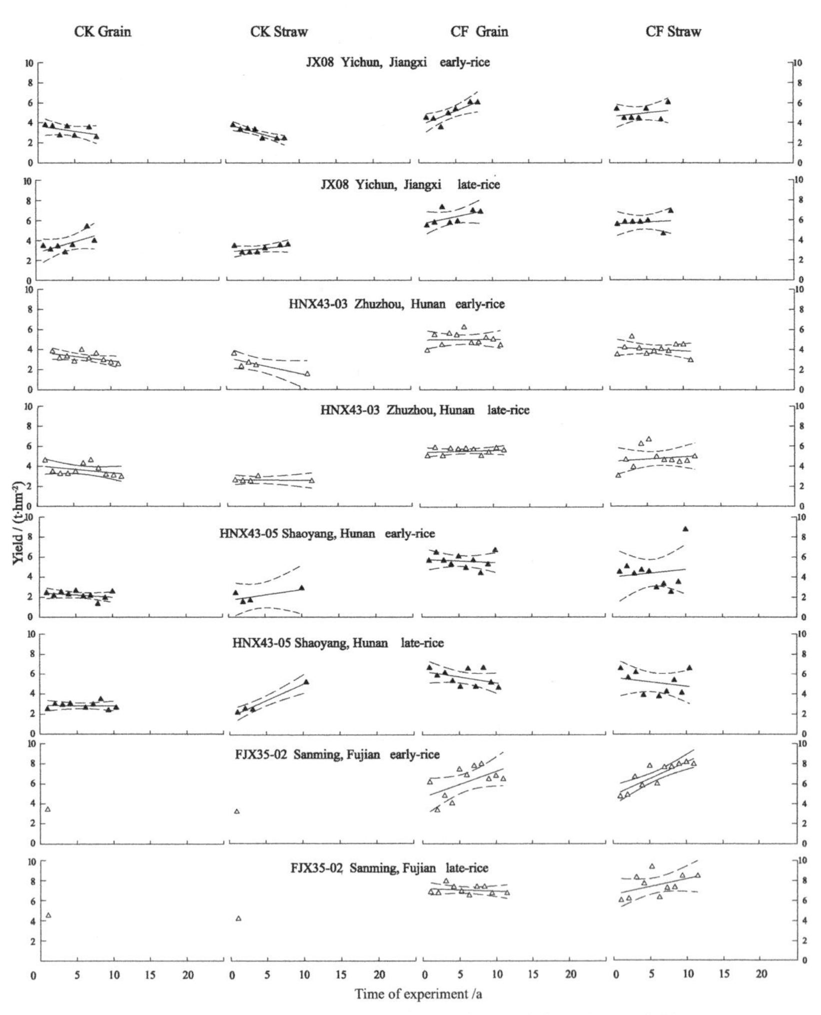

图 3-8 潴育型水稻土各试验点水稻产量变化趋势

表明其基础地力较高，为 2.4 t·hm^{-2}，而 HNX43-05 点产量较低，为 2 t·hm^{-2}，总体上除 JX08 点的早稻外均呈显著下降趋势。而施肥处理下，各点产量均得到显著提高，总体上除 HNX43-05 点晚稻外，各点各季产量均呈上升趋势或较高产量上的稳定趋势。

图 3-9 可知，不施肥处理下，图中 GDX51-01 和 GDX51-02 这两

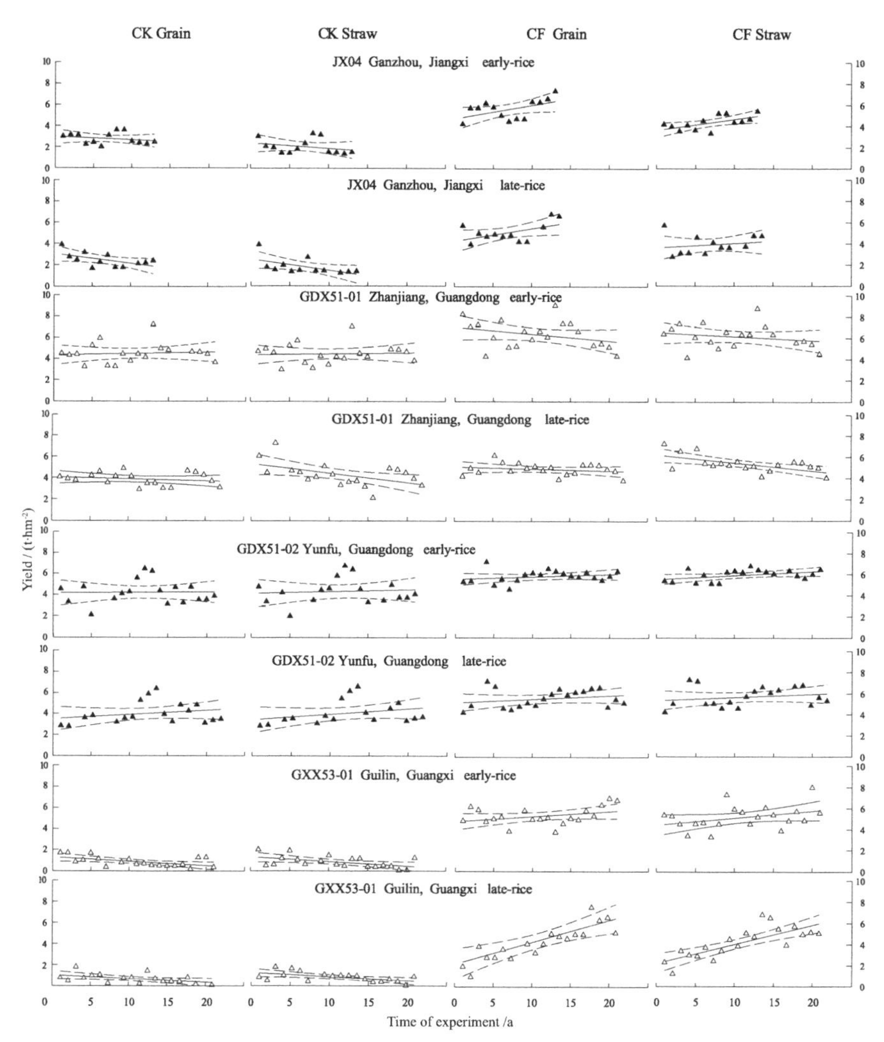

图 3-9　潴育型水稻土各试验点水稻产量变化趋势

点各季产量较高，表明其基础地力较高，为 4 t·hm^{-2}，且随时间保持稳定，这在不施肥条件下相对较少出现的情况需要深入分析施肥以外的养分进入。其他不施肥点的产量较低，为 2 t·hm^{-2}，随时间呈下降趋势。施肥处理下，各点产量均得到显著提高，从各点产量随时间变化趋势看，初始产量较低的 JX04 和 GXX53-01 点上升趋势最为明显，表明低基础地力下施肥增产培肥效果明显。

图 3-10 可知，不施肥处理下，图中 GXX53-03 点早、晚稻季产量均随时间呈显著上升趋势，这在不施肥条件下出现的较为特殊的情况

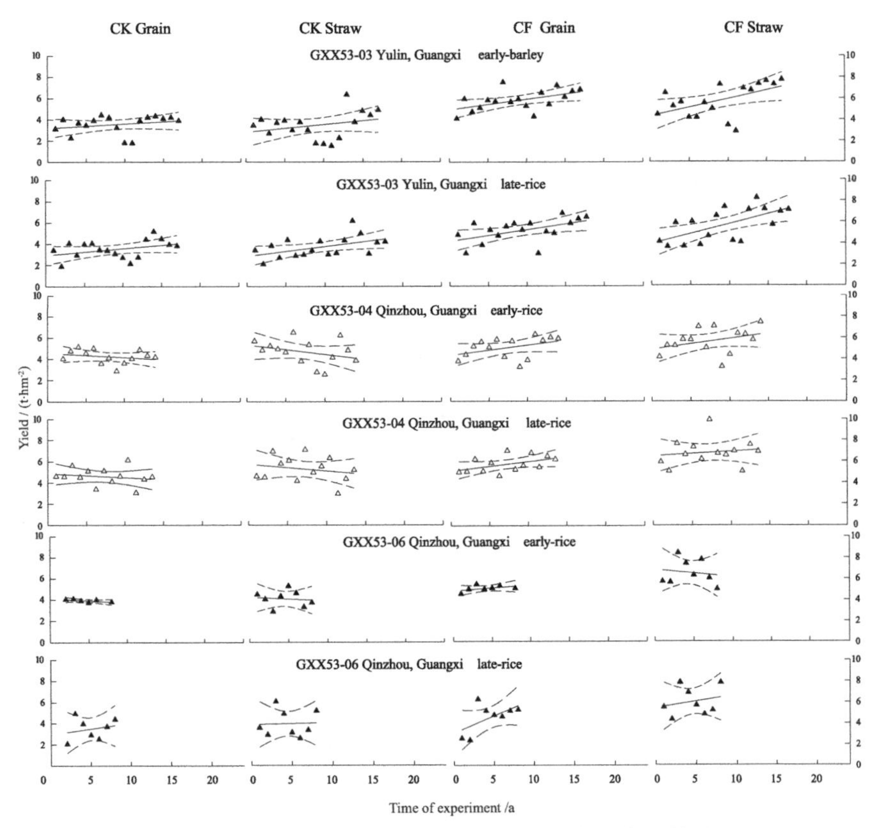

图 3-10 潴育型水稻土各试验点水稻产量变化趋势

需要深入分析施肥以外的养分进入。其他不施肥点的产量随时间呈下降趋势。施肥处理下，各点产量均得到显著提高，且各点产量均随时间变化呈上升趋势，表明施肥使土壤肥力也得到提高。

3.2.2　渗育型水稻土水稻产量变化趋势

渗育型水稻土中水稻产量随着试验时间变化，在不施肥下呈下降趋势，而施肥下较为稳定，无显著上升或下降变化。早、晚稻间趋势一致，但在不施肥条件下早稻下降速率大于晚稻，表明施肥利于减轻早、晚稻变化的差异。

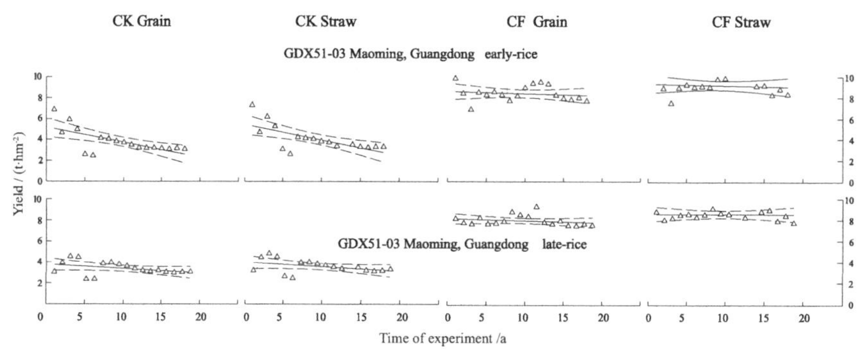

图 3-11　渗育型水稻土各试验点水稻产量变化趋势

3.2.3　淹育型水稻土水稻产量变化趋势

淹育型水稻土中水稻产量随着试验时间变化，在不施肥和施肥下均呈下降趋势，施肥提高籽粒和秸秆产量但并不改变其变化趋势。表明淹育型水稻土水稻产量的下降是由施肥以外的因素引起的，其具体因素还需要进一步深入研究。从籽粒产量与秸秆产量比较看，施肥条件下籽粒产量远低于秸秆产量，其比值约为 0.5，表明其收获指数较低，这刚好与图 3-12 的 HNX43-08 相反，有必要具体分析影响收获指数的相关因素，如施肥中各元素的比例、作物品种等因素。

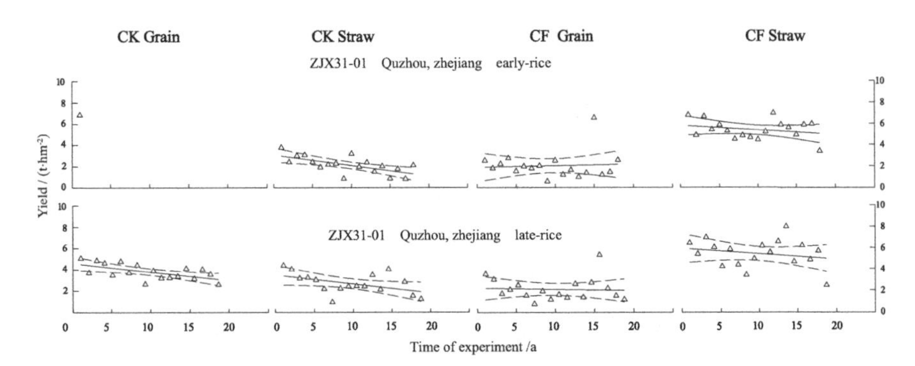

图 3-12 淹育型水稻土各试验点水稻产量变化趋势

3.3 水稻产量变化特征的分析归纳

3.3.1 不同施肥下早稻季水稻产量年变化率统计

从表 3-1 中可知，不施肥下早稻产量总体呈下降趋势（共有 25 个试验点，其中 FJX35-02 无不施肥产量记录）。不施肥下籽粒产量平均变化速率为 -61.9 kg·hm^{-2}·a^{-1}，呈显著或极显著下降的试验点为 4 个，占 16%，而秸秆平均变化率持平仅为 0.2 kg·hm^{-2}·a^{-1}，显著或极显著下降点为 5 个，占 20%。不施肥条件下籽粒和秸秆均无显著上升趋势，表明不施肥仅依靠灌水和降雨带来的养分不能满足作物生长维持最低产量的需要。其中 HBL43-03（安徽安庆）和 JX05（江西宜春）这两点籽粒产量下降速率最大，均大于 300 kg·hm^{-2}·a^{-1}。而 HNX43-05（湖南邵阳）籽粒产量与秸秆产量变化率恰好相反，籽粒产量为 −42.85 kg·hm^{-2}·a^{-1}，而秸秆产量接近显著上升趋势，年上升值为 91.53 kg·hm^{-2}·a^{-1}。

在施肥条件下，水稻产量总体呈上升趋势，25 个试验点籽粒产量和秸秆产量平均变化值分别为 59.4 kg·hm^{-2}·a^{-1} 和 76.6 kg·hm^{-2}·a^{-1}。具体分析各试验点籽粒产量变化趋势无显著下降现象，呈显著上升为 5 个点占总数的 20%，其中上升速率最大的为 JX08（江西宜春），大于 300 kg·hm^{-2}·a^{-1}，其次为 AHX23-03（安徽安庆），也接近 300 kg·hm^{-2}·a^{-1}。施肥条件下，秸秆产量的变化与籽粒产量趋势一致，上升点占 20%，但有一个试验点呈显著下降趋势（ZJX31-01，下降速率大于 80 $kg \cdot hm^{-2} \cdot a^{-1}$），具体原因还有待进一步分析。总体上，水稻产量变化趋势与纬度从高到低无显著相关性，表明空间位置对水稻土的水稻产量变化无显著影响。秸秆产量中有 5 个点呈显著上升趋势，而有一个试验点呈显著下降趋势，达 61 $kg \cdot hm^{-2} \cdot a^{-1}$。表明施肥对于改变和提高籽粒产量的作用较秸秆增加的作用大。

表 3-1　各试验点早稻产量年变化率　单位：$kg \cdot hm^{-2}$

试验点号	CK 籽粒	CK 秸秆	CF 籽粒	CF 秸秆
AHX23-03	127.74	105.44	289.24**	115.51
HBL43-03	-399.00	-220.20	-300.75	-21.00
HBX43-03	-32.37	41.50	-10.10	59.29
HBX43-04	78.98	4.46	181.46*	130.80
HNX43-01	-100.35	-9.97	93.21	86.80
HNX43-09	-108.85	-73.86	16.09	59.70
ZJX31-01	-99.30*	14.55	-44.77	-83.81*
JX08	-106.31	-199.97*	300.04*	75.26
JX03	-83.41	-138.63*	63.46	64.04
JX01	38.91	10.15	-20.09	1.79
JX05	-275.83*	-209.26*	101.79*	123.13
JX07	-54.73	-78.51	115.26	202.18*
HNX43-08	-87.14	-5.89	76.64	210.82**
JX06	-21.51	0.68	31.13	181.98
HNX43-03	-85.09	-124.64	4.61	-38.99
HNX43-05	-42.85	91.53	-30.33	75.35
FJX35-02			259.28	331.72**
JX04	-31.23	-51.42	126.43	103.03*
GXX53-01	-40.80*	-43.77*	47.52	66.01
GXX53-03	41.32	71.56	98.26*	162.45*
GDX51-03	-143.24*	-148.56*	-21.76	-16.31
GDX51-02	4.74	16.28	23.10	37.67
GXL53-06	-40.11	-33.75	53.50	-74.66

续表

试验点号	CK 籽粒	CK 秸秆	CF 籽粒	CF 秸秆
GXX53-04	-39.54	-90.12	95.12	100.26
GDX51-01	13.28	8.41	-64.00	-37.00
平均	-61.94 ± 107.68	-44.33 ± 91.96	59.37 ± 123.83	76.64 ± 97.11

注：* 表示达 5% 显著水平，** 表示达 1%极显著水平。

3.3.2 不同施肥下晚稻季水稻产量年变化率统计

从表 3-2 中可知，不施肥下晚稻产量总体呈下降趋势（共有 30 个试验点，其中 FJX35-02 无不施肥产量记录）。不施肥下籽粒产量平均变化速率为 −50.1 $kg \cdot hm^{-2} \cdot a^{-1}$，呈显著或极显著下降的试验点有 7 个点，占 31%，无显著上升趋势。而秸秆平均变化率为 -8.9 $kg \cdot hm^{-2} \cdot a^{-1}$，显著或下降的有 3 个点，有 2 个点呈显著上升趋势。

在施肥条件下，产量总体呈上升趋势，70 个试验点籽粒产量和秸秆产量平均变化值分别为 35.2 $kg \cdot hm^{-2} \cdot a^{-1}$ 和 60.4 $kg \cdot hm^{-2} \cdot a^{-1}$。具体分析各试验点籽粒和秸秆产量变化趋势各有 1 个点呈显著下降、3 个点呈显著上升趋势，其中籽粒产量上升速率最大的为 GXX53-01（广西桂林），大于 200 $kg \cdot hm^{-2} \cdot a^{-1}$。总体上，与不施肥相比，施肥可以改善水稻产量的变化趋势，使显著下降的不施肥产量趋于稳定。

表 3-2 各试验点晚稻产量年变化率 单位：$kg \cdot hm^{-2}$

试验点号	CK 籽粒	CK 秸秆	CF 籽粒	CF 秸秆
AHX23-03	102.13	91.22	86.15	22.51
HBL43-03	-269.85	-95.40	-37.20	-114.30
HBX43-03	-87.23	-25.48	64.86	-42.14
ZJL31-02	-101.79	33.93	223.75	510.89**
ZJL31-01	-52.00	-52.50	58.25	114.25
HBX43-04	122.84	147.79	160.82*	48.93
HNX43-01	-193.15*	19.39	-215.82	-92.85
HNX43-09	112.72	86.05	5.39	-86.73
ZJX31-01	-88.17	-12.23	-53.20	-31.44
JX08	209.04	76.58	158.54	40.65

续表

试验点号	CK 籽粒	CK 秸秆	CF 籽粒	CF 秸秆
JX03	−105.68*	−59.38	−56.15	−23.37
ZJL31−08	−388.75*	−168.50	−202.30*	−92.05
JX01	14.45	−84.51	85.91	68.15
HNX43−06	−141.20*	−71.32	23.17	108.31
JX05	−341.21*	−277.09*	2.23	30.08
HNX43−07	0.86	2.05	−72.09	178.50
JX07	−90.69	−30.33	31.04	210.98
HNX43−08	−130.50*	−18.36	107.80	135.95
JX06	26.44	79.10	−53.84	162.27
HNX43−03	−71.59	−4.92	21.52	48.01
HNX43−05	−4.17	289.35**	−124.19	−91.61
FJX35−02			−27.33	163.58
JX04	−92.11	−108.95	123.51	43.18
GXX53−01	−36.15*	−41.30*	215.94**	188.06**
GXX53−03	63.74	96.07*	113.35*	193.17**
GDX51−03	−43.85	−46.08	−20.68	−2.16
GDX51−02	40.52	52.69	35.61	30.99
GXL53−06	100.74	16.41	328.43	123.02
GXX53−04	−39.66	−66.12	92.44	44.13
GDX51−01	−18.95	−93.72*	−19.65	−77.73*
平均	−50.11 ± 131.91	−8.85 ± 103.15	35.21 ± 119.23	60.38 ± 129.30

注：* 表示达 5% 显著水平，** 表示达 1%极显著水平。

3.3.3　不同施肥下水稻产量总体变化趋势

从图 3-13 可知，潴育型水稻土水稻产量（早稻季）总体变化趋势在不施肥和施肥下差异较大，不施肥条件下早稻籽粒和秸秆产量持平，无显著上升或下降变化。施肥条件下，早稻季的籽粒产量和秸秆产量均呈显著上升趋势，年增加速率分别为 61 $kg \cdot hm^{-2}$ 和 72 $kg \cdot hm^{-2}$。可见施肥不仅提高水稻产量还促进水稻产量呈逐年增加趋势。潴育型水稻土水稻产量（晚稻季）总体变化趋势也相似（图 3-14），不施肥下籽粒和秸秆产量稳定无显著变化，而施肥条件下均呈显著上升趋势，上升速度分别为 58 $kg \cdot hm^{-2} \cdot a^{-1}$ 和 81 $kg \cdot hm^{-2} \cdot a^{-1}$。

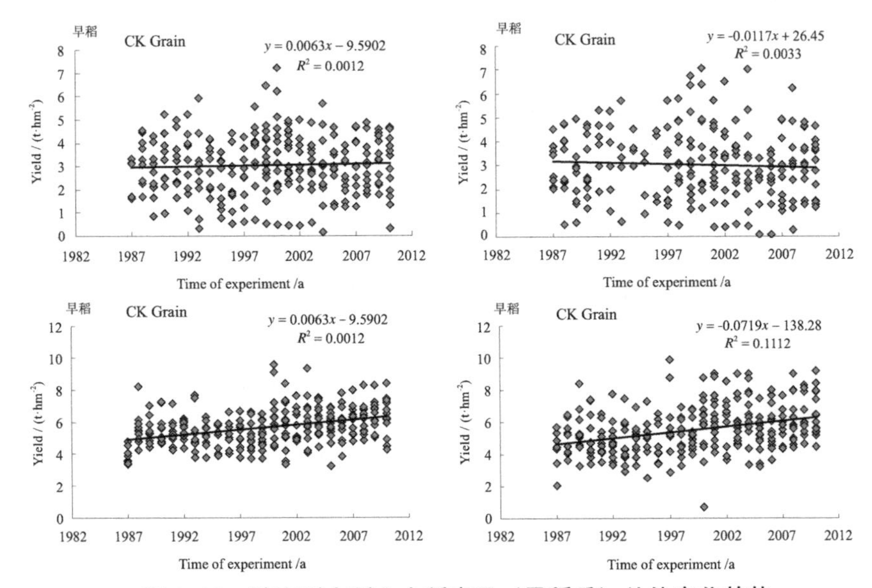

图 3-13 潴育型水稻土水稻产量（早稻季）总体变化趋势

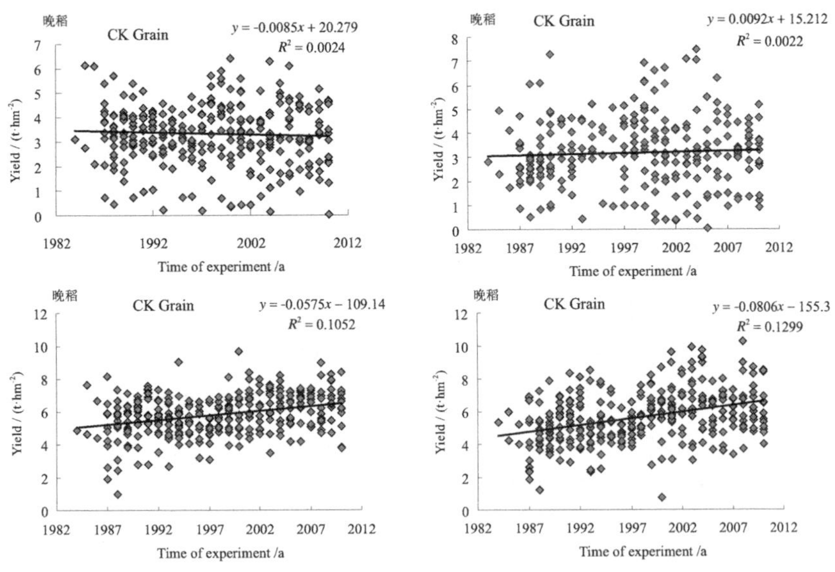

图 3-14 潴育型水稻土水稻产量（晚稻季）总体变化趋势

渗育型和淹育型水稻土水稻产量总体变化趋势与潴育型水稻土不同，不施肥条件下早、晚稻籽粒和秸秆产量均呈显著或极显著下降趋势（变化范围 –97 ~ –39 $kg \cdot hm^{-2} \cdot a^{-1}$），其中早稻季下降速度大于晚稻季。施肥条件下，渗育型和淹育型水稻土水稻产量变化上总体相对稳定，无显著上升或下降趋势。其原因还有待进一步深入研究（图 3-15、图 3-16）。

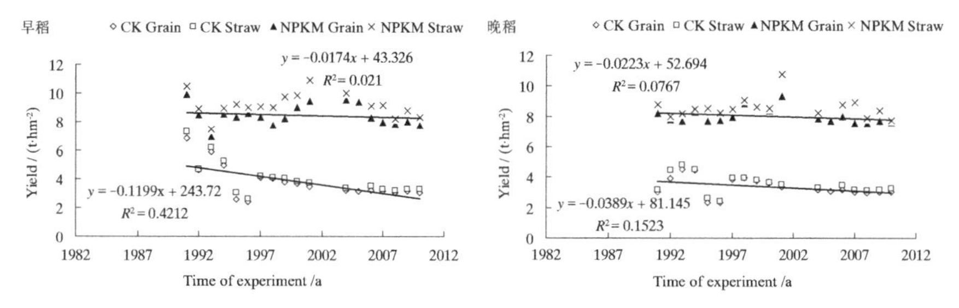

图 3-15 渗育型水稻土水稻产量总体变化趋势

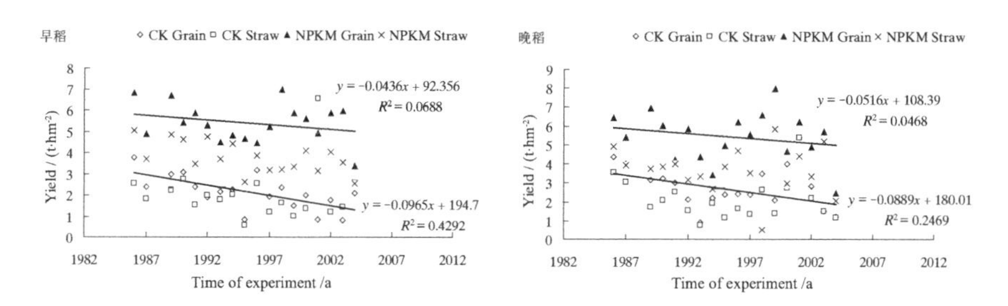

图 3-16 淹育型水稻土水稻产量总体变化趋势

3.4 不同施肥下水稻产量变化的可持续性特征

3.4.1 早稻季水稻产量可持续性指数

作物产量可持续性指数（SYI）是衡量作物在持续栽培中高产稳产性的指标，通过分析各监测点不施肥和施肥下籽粒产量与秸秆产量的可持续性指数大小有利于掌握当前不同条件下的可持续性生产状况，为进行可持续性栽培提供评价参数和建议。从表 3-3 可知，不同施肥处理下差异较大，不施肥下各点从 0.27 到 0.60 不等，籽粒和秸秆产量 SYI 的平均值分别为 0.33 和 0.27。施肥条件下均较不施肥显著提高，数值范围为 0.30 ~ 0.77，籽粒和秸秆产量 SYI 的平均值分别为 0.65 和 0.56。

表 3-3　南方水稻土各监测点早稻产量可持续性指数（SYI）

监测点号	CK 籽粒	CK 秸秆	CF 籽粒	CF 秸秆
AHX23-03	0.30	0.27	0.64	0.63
HBL43-03	0.50	0.43	0.72	0.59
HBX43-03	0.31	0.20	0.65	0.48
ZJL31-02	0.36	0.30	0.75	0.63
HBX43-04	0.27	0.25	0.64	0.61
HNX43-01	0.27	0.35	0.58	0.56
HNX43-09	0.14	0.21	0.58	0.61
ZJX31-01	0.17	0.13	0.56	0.52
JX08	0.37	0.35	0.56	0.63
JX03	0.32	0.27	0.68	0.64
ZJL31-08	0.42	0.32	0.76	0.68
JX01	0.36	0.28	0.62	0.49
HNX43-06	0.36	0.10	0.67	0.29
JX05	0.19	0.14	0.75	0.70
HNX43-07	0.56	0.28	0.71	0.50
JX07	0.23	0.15	0.70	0.51
HNX43-08	0.33	0.34	0.65	0.52
JX06	0.25	0.29	0.54	0.49
HNX43-03	0.43	0.29	0.70	0.51
HNX43-05	0.27	0.17	0.74	0.30
FJX35-02			0.59	0.59
JX04	0.31	0.23	0.64	0.65
GXX53-01	0.05	0.04	0.49	0.50

续表

监测点号	CK 籽粒	CK 秸秆	CF 籽粒	CF 秸秆
GXX53-03	0.36	0.26	0.64	0.51
GDX51-03	0.27	0.26	0.78	0.77
GDX51-02	0.44	0.43	0.72	0.74
GXL53-06	0.60	0.39	0.75	0.63
GXX53-04	0.51	0.35	0.58	0.45
GDX51-01	0.39	0.40	0.55	0.57
平均值	0.33 ± 0.13	0.27 ± 0.10	0.65 ± 0.08	0.56 ± 0.11

各监测点可持续指数有差异，但无明显的南北地域性特征，高、中、低纬度与SYI值的高低无显著联系，这可能与水稻土栽培条件水热稳定性有关。分别与基础产量比较分析可知，基础地力较高的点如HBL43-03、HNX43-07、GXL53-06和GXL53-04不施肥籽粒SYI值高，均大于0.5，与施肥产量SYI也较接近。而基础产量较低的点如HNX43-09、ZJX31-01、JX05和GXX53-01等其CK处理的SYI值极低，小于0.2，与对应施肥处理的SYI差距较大，所以有必要具体分析基础地力贡献率与SYI值间的关系密切程度和比值。总体表明施肥和提高基础地力均能显著提高水稻产量可持续性。

3.4.2　晚稻季水稻产量可持续性指数

表3-4中显示了南方水稻土各监测点晚稻产量变异系数，不同施肥下水稻籽粒和秸秆产量的变异系数大体相似，总体上各监测点的产量变异系数均较小，与早稻相比，其数值均小于早稻。表明晚稻的稳产性较早稻强。不同施肥处理下差异较大，不施肥下各点为0.14 ~ 0.69不等，籽粒和秸秆产量SYI的平均值分别为0.37和0.31。施肥条件下均较不施肥显著提高，数值范围为0.28 ~ 0.84，籽粒和秸秆产量SYI的平均值分别为0.68和0.58。

具体分析各监测点可持续性指数有差异，与早稻一致，无明显的南北地域性特征，高、中、低纬度与SYI值的高低无显著联系。基础地力较高的点，如 HBL43-03、HNX43-07、GXL53-06 和 GXL53-04 不施肥籽粒 SYI 值也高，均大于 0.5。而基础产量较低的点，如 HNX43-09、ZJX31-01、JX05 和 GXX53-01 等其 CK 处理的 SYI 值较低，处于 0.1 ~ 0.3 间，表明对于早稻产量 SYI 极低的点晚稻产量 SYI 值相对提高 0.1。

表 3-4　南方水稻土各监测点晚稻产量可持续性指数（SYI）

监测点号	CK 籽粒	CK 秸秆	CF 籽粒	CF 秸秆
AHX23-03	0.34	0.29	0.84	0.73
HBL43-03	0.49	0.53	0.75	0.76
HBX43-03	0.48	0.25	0.75	0.49
ZJL31-02	0.36	0.30	0.75	0.63
ZJL31-01	0.38	0.29	0.71	0.60
HBX43-04	0.45	0.44	0.75	0.77
HNX43-01	0.39	0.42	0.61	0.42
HNX43-09	0.29	0.23	0.65	0.72
ZJX31-01	0.21	0.18	0.52	0.42
JX08	0.39	0.41	0.76	0.74
JX03	0.40	0.29	0.66	0.64
ZJL31-08	0.42	0.32	0.76	0.68
JX01	0.42	0.34	0.68	0.56
HNX43-06	0.36	0.10	0.67	0.29
JX05	0.15	0.14	0.83	0.82
HNX43-07	0.56	0.28	0.71	0.50
JX07	0.19	0.18	0.70	0.49
HNX43-08	0.43	0.39	0.77	0.62
JX06	0.22	0.25	0.67	0.55
HNX43-03	0.48	0.39	0.83	0.57
HNX43-05	0.37	0.19	0.72	0.45
FJX35-02	0.65	0.69	0.83	0.68
JX04	0.24	0.18	0.57	0.53
GXX53-01	0.03	0.05	0.28	0.35

续表

监测点号	CK 籽粒	CK 秸秆	CF 籽粒	CF 秸秆
GXX53-03	0.35	0.33	0.55	0.50
GDX51-03	0.28	0.27	0.76	0.73
GDX51-02	0.42	0.40	0.65	0.65
GXL53-06	0.39	0.32	0.51	0.55
GXX53-04	0.54	0.41	0.71	0.56
GDX51-01	0.36	0.36	0.47	0.52
平均值	0.37 ± 0.13	0.31 ± 0.13	0.68 ± 0.12	0.58 ± 0.13

3.4.3 南方水稻土基础地力贡献率及对产量可持续性的影响

土壤基础地力贡献率反映了施肥条件下基础地力对产量的贡献，与长期定位施肥试验中的长期不施肥耗竭性栽培来求得基础地力贡献率相比，具有更广泛的意义和重要推广价值。因此，本研究分别计算各监测点的基础地力贡献率，并进行综合分析其分布和相关因素，为合理培肥提供理论依据和数据支持。

表 3-5 为 30 个早稻栽培试验点各籽粒和秸秆产量的基础地力贡献率 120 个数值，各点从上到下依经度从高到低排列。分析表明，贡献率的大小与经度及纬度无显著相关性，表明水稻产量基础地力贡献率相对稳定受地理上水热差异影响较小。晚稻的地力贡献率通常高于早稻 3%，表明地力对晚稻产量的贡献较早稻产量大，即早稻对施肥的依赖性高于晚稻，这与前期研究是一致的。

具体分析各点早、晚稻地力贡献率可知，基础地力较高的点为 HBL43-03、ZJL31-08、GDX51-02、GXL53-06、GXX53-04、GDX51-01 和 GXX53-03，这些点两季的秸秆和籽粒产量均大于 60%，即施肥贡献不到 40%；而 SYI 值极低的 HNX43-09、ZJX31-01、JX07 和 GXX53-01 点其基础地力贡献率也较低，均小于 40%，表明施肥占产量的份额较大（大于 60%）。各点早、晚稻间和籽粒与秸秆间的差异相对较点与点间的差异小，可能因各点地力水平和施肥差异引起，具体原因还需要深入调查分析。

表 3-5　南方水稻土各监测点基础地力贡献率　单位：%

监测点号	早稻		晚稻	
	籽粒	秸秆	籽粒	秸秆
AHX23-03	49.3	45.0	47.4	45.1
HBL43-03	72.8	72.8	68.6	65.1
HBX43-03	44.0	43.7	61.9	63.9
ZJL31-02	54.4	47.2	54.4	47.2
ZJL31-01	41.6	33.9	52.4	47.4
HBX43-04	53.5	56.5	64.0	65.3
HNX43-01	52.3	60.0	68.3	73.7
HNX43-09	35.4	40.5	54.3	57.5
ZJX31-01	39.5	54.1	49.1	58.3
JX08	64.0	60.4	58.4	55.0
JX03	54.0	53.8	61.0	54.9
ZJL31-08	67.9	59.6	67.9	59.6
JX01	58.9	53.9	64.9	57.6
HNX43-06	56.2	50.5	56.2	50.5
JX05	42.4	35.7	40.8	36.2
HNX43-07	64.8	45.8	64.8	45.8
JX07	39.1	39.1	33.7	37.8
HNX43-08	52.6	54.0	58.7	55.7
JX06	50.2	53.5	43.8	49.2
HNX43-03	63.5	62.8	65.3	55.2
HNX43-05	39.1	47.9	49.9	59.6
FJX35-02	55.3	46.5	63.1	55.4
JX04	49.4	46.1	47.9	46.3
GXX53-01	16.1	16.4	15.1	20.2
GXX53-03	61.4	60.0	67.0	65.0
GDX51-03	45.1	44.3	42.0	41.5
GDX51-02	73.2	72.9	72.5	71.1
GXL53-06	77.5	62.7	76.4	66.2

续表

监测点号	早稻		晚稻	
	籽粒	秸秆	籽粒	秸秆
GXX53-04	83.7	82.6	79.8	77.6
GDX51-01	71.1	72.8	79.3	80.3
平均值	54.3 ± 14.4	52.5 ± 13.4	57.6 ± 14.0	55.5 ± 12.9

分别对早稻不施肥产量 SYI 与其对应基础地力贡献率进行相关性分析表明（图 3-17），不施肥籽粒和秸秆 SYI 值与基础地力贡献率呈极显著相关关系（图 3-17 a、b），表明基础地力对产量可持续性有重要作用，其中籽粒的相关性高于秸秆（籽粒 CK 产量与其 SYI 值 R^2=0.84，秸秆 CK 产量与其 SYI 值 R^2 = 0.65），表明提高基础地力对产量可持续的贡献对籽粒产量而言更为密切。而施肥籽粒和秸秆 SYI 值与基础地力贡献率无显著相关关系（图 3-17 c、d），表明基础地力对产量 SYI 值的影响未达到显著水平，而施肥合理与否为影响其 SYI 值的重要因素。

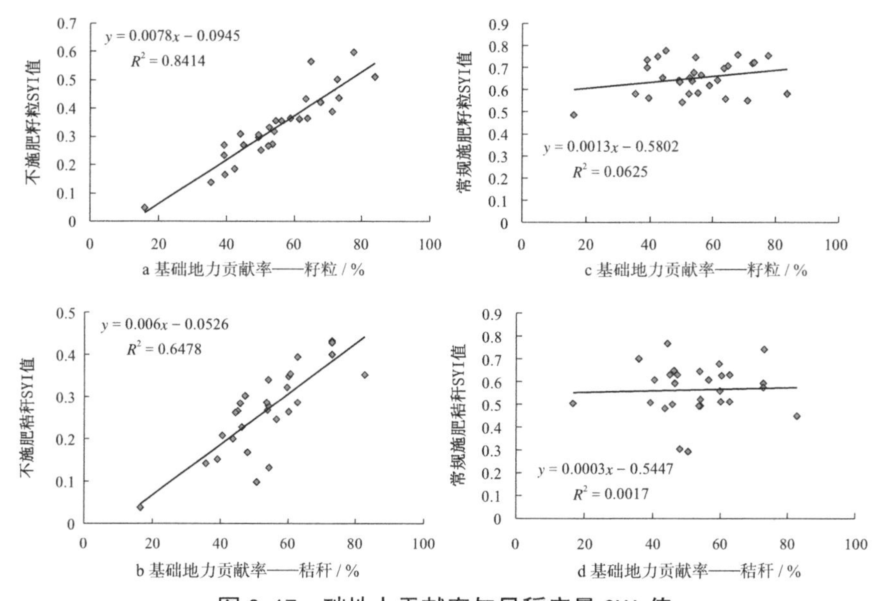

图 3-17　础地力贡献率与早稻产量 SYI 值

分别对晚稻不施肥产量 SYI 与其对应基础地力贡献率进行相关性分析表明（图 3-18），不施肥籽粒和秸秆 SYI 值与基础地力贡献率呈极显著相关关系（图 3-18 a、b），其中籽粒的相关性也高于秸秆（籽粒 CK 产量与其 SYI 值 R^2 = 0.61，秸秆 CK 产量与其 SYI 值 R^2 = 0.32），也表明提高基础地力对产量可持续的贡献对籽粒产量而言更为密切。而施肥籽粒和秸秆 SYI 值与基础地力贡献率无显著相关关系（图 3-18 c、d），表明基础地力对产量 SYI 值的影响未达到显著水平，这与在早稻上这两者间的关系是一致的。与早、晚稻相比，两者间的关系（基础地力与产量 SYI 值）在早、稻的相关性高于晚稻。

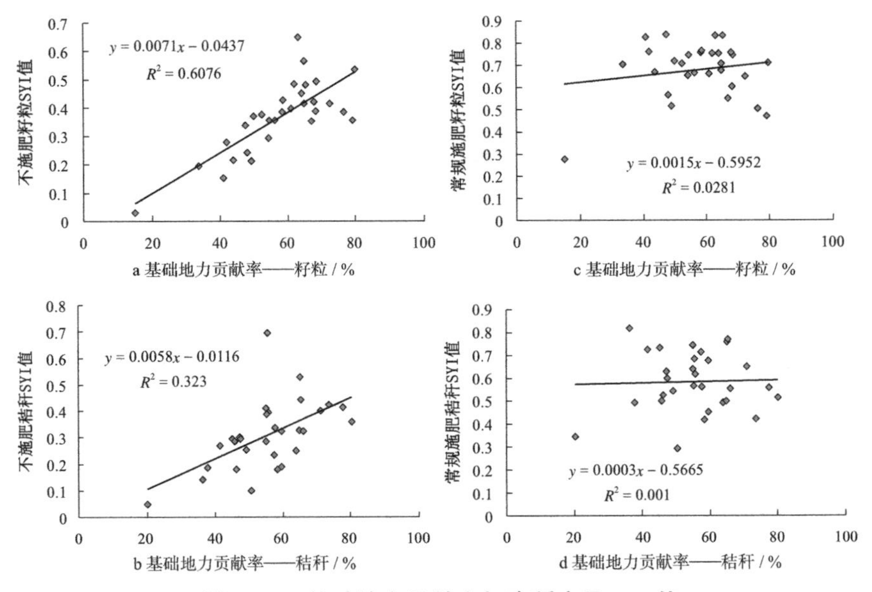

图 3-18　基础地力贡献率与晚稻产量 SYI 值

综上所述，水稻土中双季稻产量基础地力贡献率均较高，早、晚稻的籽粒上分别为 54.3% ± 14.4% 和 57.6% ± 14.4%，早、晚稻的秸秆上分别为 52.5% ± 13.4% 和 55.5% ± 12.9%。基础地力贡献率与早晚不施肥产量 SYI 值均呈极显著的相关关系，表明提高基础地力有利于提高水稻基础产量的可持续性。

3.5 本章小结

总体上施肥可以显著提高水稻产量，在不同水稻亚类上效果不同。长期不施肥下水稻产量较低，集中在 2.1 ~ 4.0 $t \cdot hm^{-2}$，其中淹育型、潴育型和渗育型水稻土籽粒产量依次提高，分别为 2.3 $t \cdot hm^{-2}$、3.1 $t \cdot hm^{-2}$ 和 3.6 $t \cdot hm^{-2}$；施肥条件下淹育型、潴育型和渗育型水稻土籽粒产量为 5.4 $t \cdot hm^{-2}$、5.7 $t \cdot hm^{-2}$ 和 8.3 $t \cdot hm^{-2}$，表明基础地力高增产效果更好。

本章主要通过两种方式研究了南方水稻土的水稻产量变化趋势。第一种方式是通过具体研究总体试验时间大于 8 年以上的试验点共 70 个，对其早、晚稻系列产量作图分析。结果表明：从空间角度分析，呈显著变化的点分布在各纬度间，与纬度的高低无显著联系；从施肥角度分析，不施肥下 10% ~ 30% 的试验点呈显著下降趋势，其他稳定无显著上升趋势。而施肥下 20% 试验点呈显著上升趋势，其他点相对稳定。早、晚稻季产量随着时间变化情况不同，早稻相对易呈显著下降趋势尤其是不施肥条件下下降速率更大，而晚稻相对稳定，对施肥的依赖性较早稻弱。第二种方式是通过把所有试验点归总到同一图中进行研究，结果表明早晚稻间变化趋势不同。不施肥条件下早稻籽粒和秸秆产量持平，无显著上升或下降变化。施肥条件下，早稻季的籽粒产量和秸秆产量均呈显著上升趋势。水稻土水稻产量（晚稻季）总体变化趋势也相似，不施肥下籽粒和秸秆产量稳定无显著变化，而施肥条件下均呈显著上升趋势。其中，淹育型水稻土在不施肥和施肥下均呈显著下降趋势（−97 ~ −43 $kg \cdot hm^{-2} \cdot a^{-1}$）；潴育型水稻土不施肥下产量稳定，施肥下水稻产量呈显著上升趋势（57 ~ 61 $kg \cdot hm^{-2} \cdot a^{-1}$）；渗育型水稻土不施肥下产量呈显著下降趋势（−117 ~ −39 $kg \cdot hm^{-2} \cdot a^{-1}$），施肥下产量稳定。

不同施肥下水稻产量的可持续性指数（SYI）不同，施肥下 SYI 值为 0.66，不施肥下 SYI 均值较低为 0.34。早、晚稻不施肥产量 SYI 值与基础地力贡献率均呈极显著的相关关系。水稻土中双季稻产量基础地力贡献率较高，早、晚稻的籽粒上分别为 54.3% ± 14.4% 和

57.6% ± 14.4%，早、晚稻的秸秆上分别为 52.5% ± 13.4% 和 55.5% ± 12.9%。提高基础地力有利于提高水稻基础产量的可持续性，施肥可提高水稻产量的可持续性指数。

第四章 南方水稻土常规施肥下肥力演变特征及其对水稻产量的驱动

4.1 南方水稻土常规施肥下主要肥力因素的变化趋势

4.1.1 潴育型水稻土主要肥力因素的变化趋势

常规施肥条件下，分析各试验点七大肥力指标随着时间变化趋势（图 4-1 至图 4-9），可知各指标变化趋势差异较大。土壤有机质含量总体呈上升趋势，27 个试验点中，呈显著或极显著上升趋势的有 10 个，显著下降的有 2 个，其他点无显著变化；全氮含量中分析了 26 个试验点，其中呈显著或极显著上升的点有 5 个，下降的有 4 个，总体为上升趋势；碱解氮相对前两个指标相对稳定，仅有 4 个呈显著变化，其中显著上升的有 2 个，2 个显著下降；土壤有效磷中，有 4 个试验点呈显著或极显著上升趋势，且主要分布在两广地区，无显著下降点；速效钾总体上也呈上升趋势，呈显著或极显著上升的点有 2 个，无显著下降点；土壤缓效钾只有 9 点试验点测定了该指标，其中有 2 个点呈显著上升趋势；土壤酸碱度仅有 1 个点（FJX35-02）呈极显著上升趋势，速率为 0.07，而有 3 个点呈显著下降趋势，各点总体平均变化速率为 -0.01，这是由于施用氮肥引出的普遍现象（黄耀等，2011）。

总之，潴育型水稻土（主要肥力因素）总体呈上升趋势，其中常规施肥条件下，土壤有机质、全氮、碱解氮、有效磷、速效钾和缓效钾多数试验点呈上升趋势，土壤酸碱度稍有下降。总体而言，常规施肥下南方水稻土肥力呈逐年上升趋势，这是导致水稻产量逐年上升的主要肥力因素。以下对各图进行简要分析以明确各点七大土壤肥力因素随时间变化特征。

从图 4-1 可知，常规施肥下除有效磷（AP）外（HBX43-03 的 AP 含量低于 10 mg·kg^{-1}，另两点较高处于 10 ~ 40 mg·kg^{-1}），其他各指标初始值均在同一水平上，仅随时间变化趋势不同。其中 AHX23-03 点 AN 下降趋势明显，而 SOM 和 SAK 呈上升趋势。HBX43-03 除初始值较低的 AP 呈上升外其他指标较稳定。

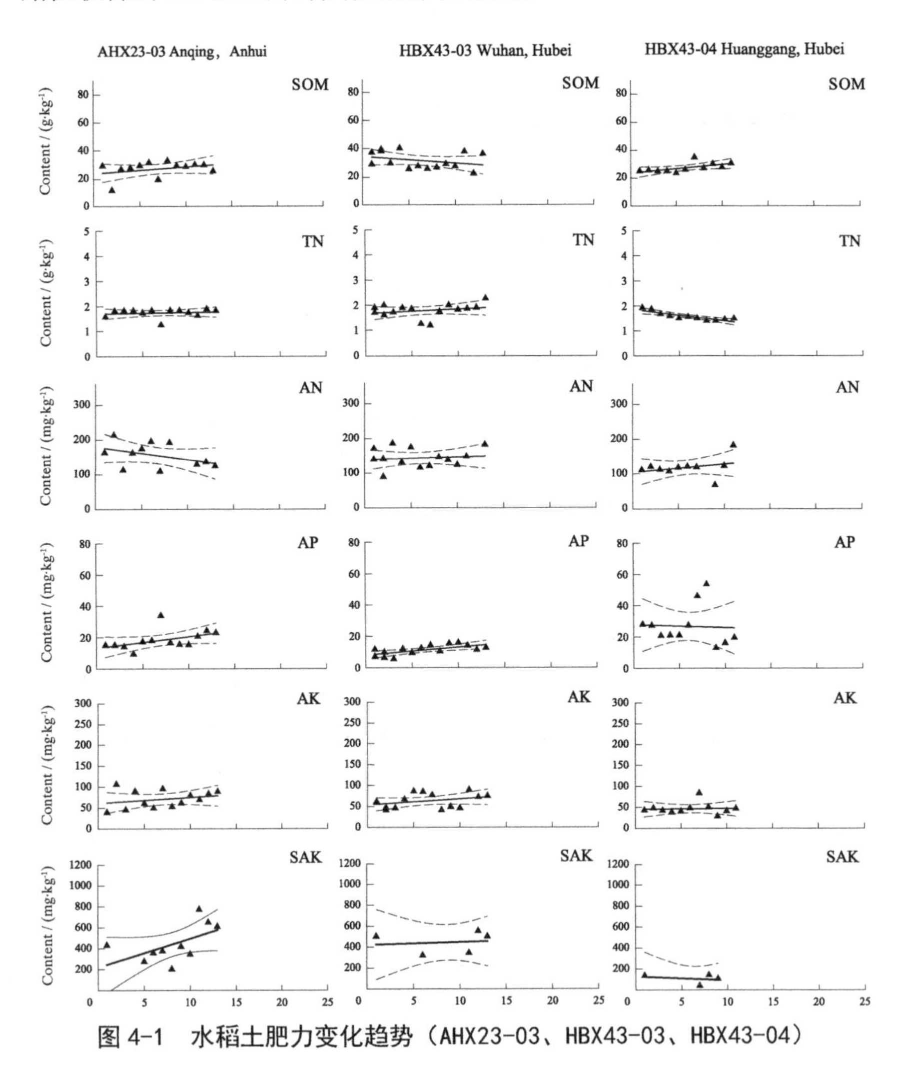

图 4-1 水稻土肥力变化趋势（AHX23-03、HBX43-03、HBX43-04）

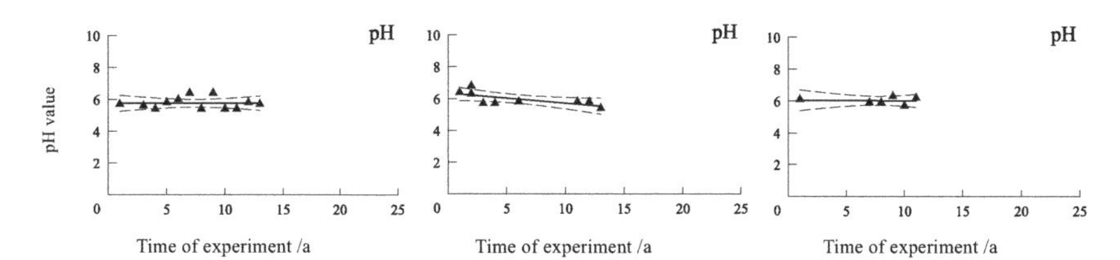

肥力指标及对应简写：土壤有机质—SOM；总氮—TN；有效氮—AN；有效磷—AP；有效钾—AK；缓效钾—SAK；酸碱度—pH。下同。

图 4-1　水稻土肥力变化趋势（AHX23-03、HBX43-03、HBX43-04）（续）

从图 4-2 可知，图中 3 点随时间变化趋势不同，ZJL31-01 点的 SOM、TN 和 AN 呈一致的上升趋势，而 AP 和 pH 平稳，表明该点有机质和 N 施用合理，而 P 和 K 施用不足。ZJL31-02 总体各指标较平稳，HNX43-01 点的 SOM 和 AP 呈明显上升趋势，其他指标稳定，总体肥力较 ZJL31-01 高。

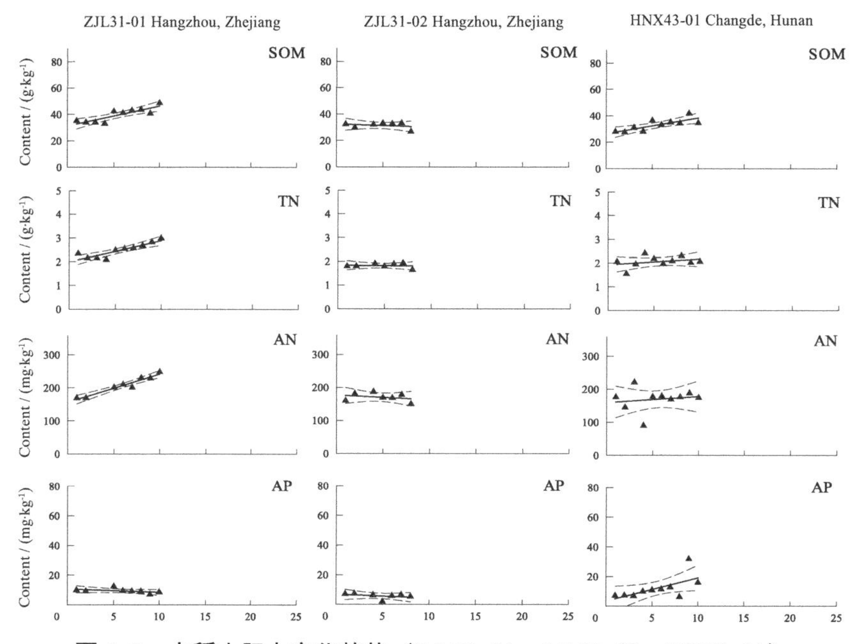

图 4-2　水稻土肥力变化趋势（ZJL31-01、ZJL31-02、HNX43-01）

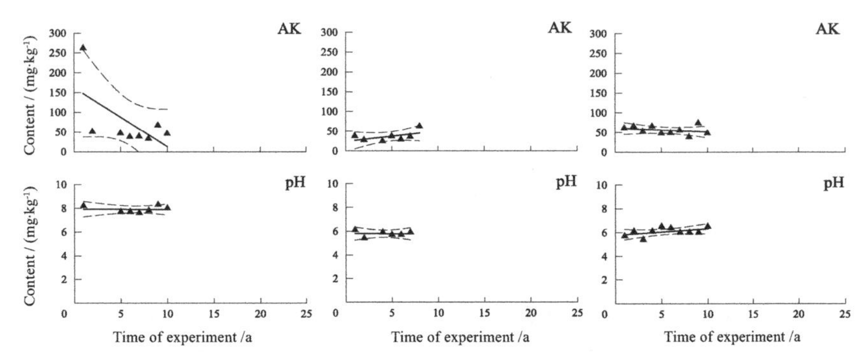

图 4-2 水稻土肥力变化趋势（ZJL31-01、ZJL31-02、HNX43-01）（续）

分析图 4-3 表明，图中 3 点从左到右肥力依次增加，因 SOM、TN、AN 和 AP 均依次增加，而 AK 和 pH 各点处于同等水平。最右一列即肥力高的点各肥力随时间变化较稳定，而前两点呈上升趋势。

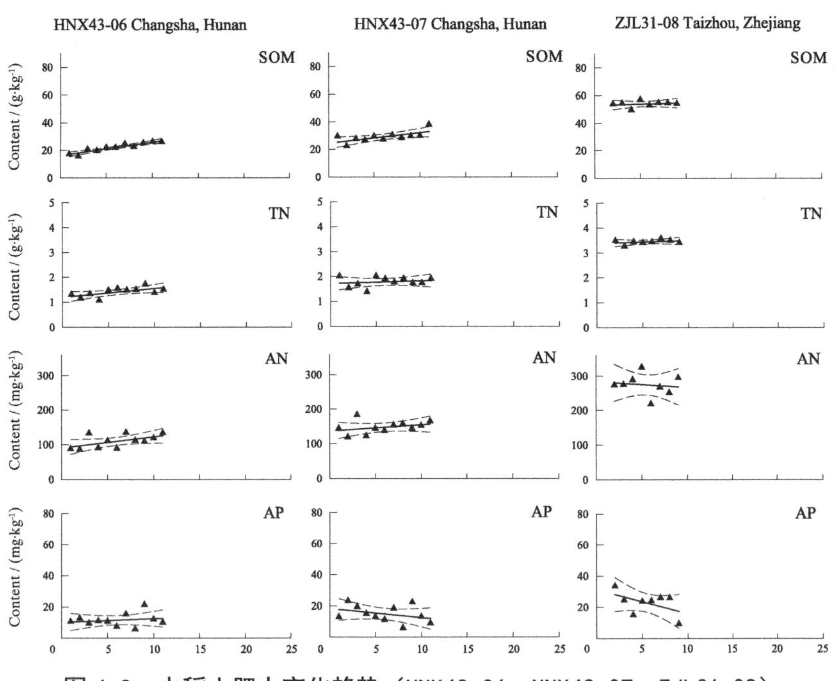

图 4-3 水稻土肥力变化趋势（HNX43-06、HNX43-07、ZJL31-08）

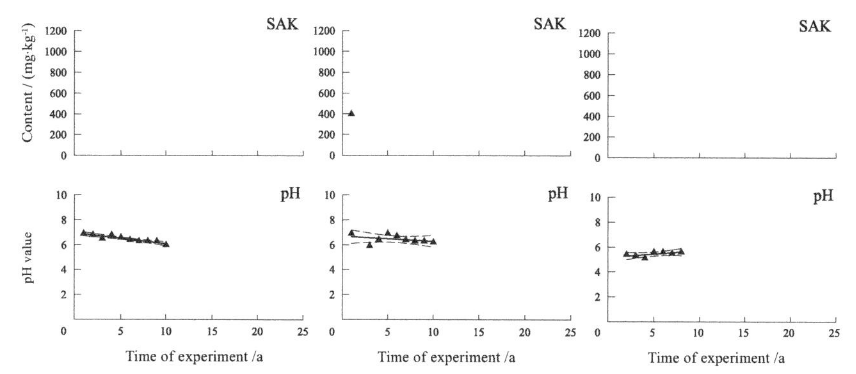

图 4-3　水稻土肥力变化趋势（HNX43-06、HNX43-07、ZJL31-08）（续）

分析图 4-4 表明，图中 3 点初始各肥力指标较接近，但随时间变化起伏较大，有明显的上升或下降趋势。HNX43-09 点上方 4 个指标随时间均呈显著的上升趋势，而其他指标稳定，表明其总体肥力呈上升趋势。另两点中各指标各略有起伏，但变化不大，表明其总体肥力随时间无明显的升降变化。

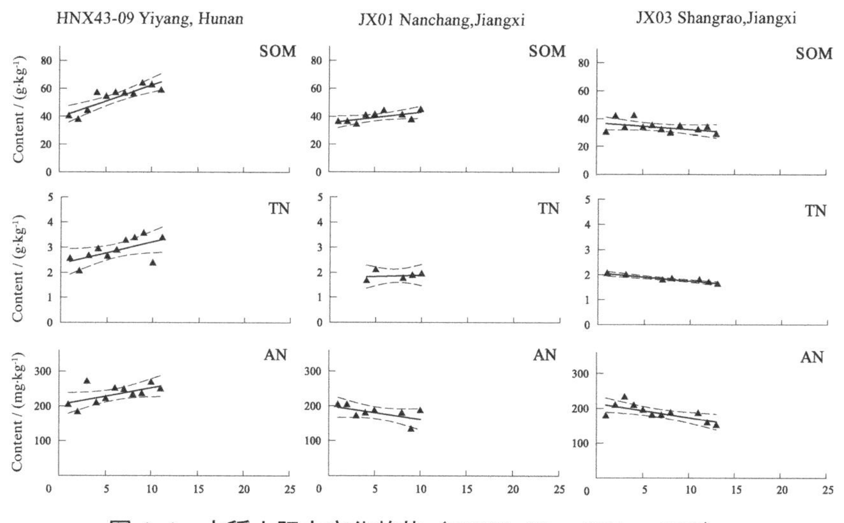

图 4-4　水稻土肥力变化趋势（HNX43-09、JX01、JX03）

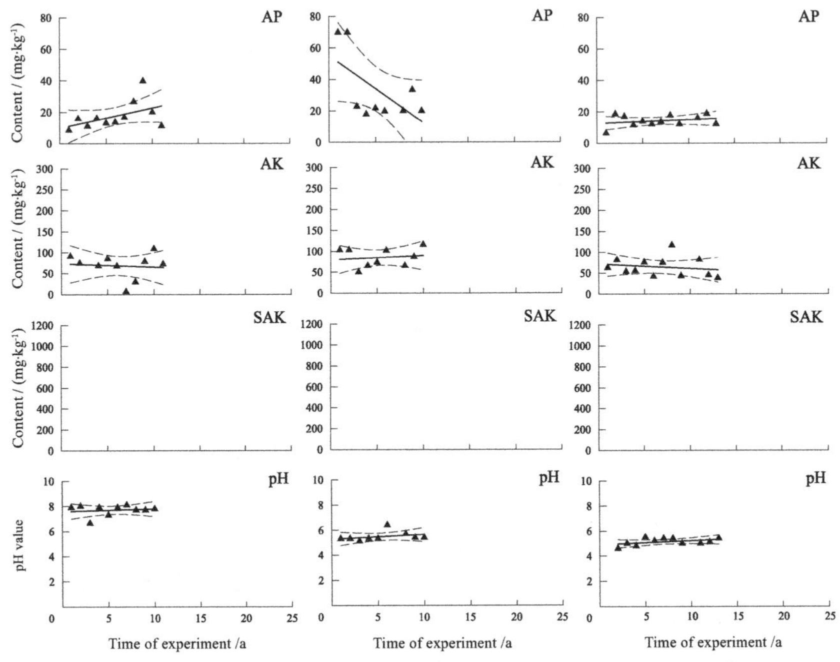

图 4-4　水稻土肥力变化趋势（HNX43-09、JX01、JX03）（续）

分析图 4-5 表明，从各指标均值看，JX05 总体上各指标含量较其他两点高，表明其肥力总体上高于其他点。从时间变化趋势分析，JX05 和 JX06 两点前 3 个指标 SOM、TN 和 AN 均呈下降趋势，AP 呈上升趋势，而 HNX43-08 的 SOM 和 TN 呈上升趋势，其他指标变化不大，总体表明这 3 点的肥力随时间变化较稳定。

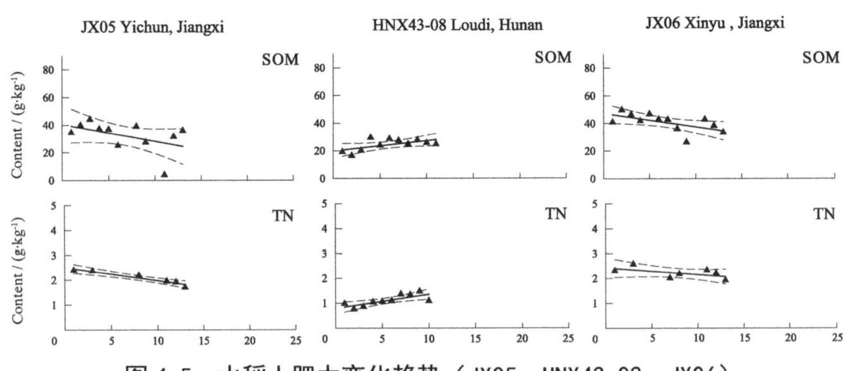

图 4-5　水稻土肥力变化趋势（JX05、HNX43-08、JX06）

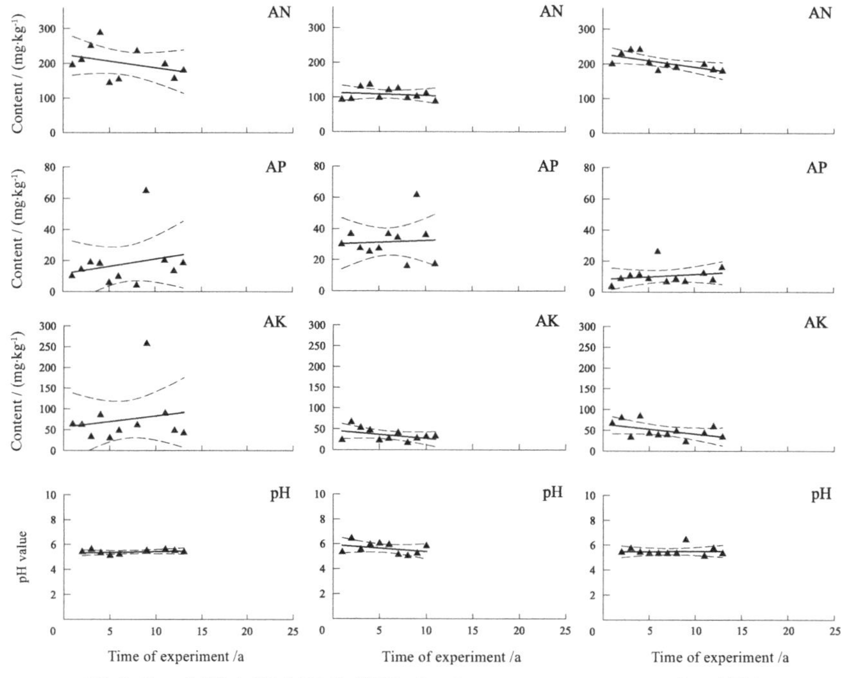

图 4-5　水稻土肥力变化趋势（JX05、HNX43-08、JX06）（续）

分析图 4-6 表明，从各指标均值看，HNX43-03 点的 AP 和 AK 均显著低于其他点，另 4 个指标相差不大，表明该点总体肥力相对低。从时间变化趋势分析，JX07 点上各指标变化不大，表明其总体肥力稳定。JX08 点 TN 和 AP 呈显著下降趋势，另 4 个肥力指标稳定，表明总体肥力逐年下降，可能与施肥量有关。HNX43-03 点的 SOM、TN、AN 和 AP 均呈上升趋势，AK 和 pH 稳定，表明该点总体肥力呈上升趋势。

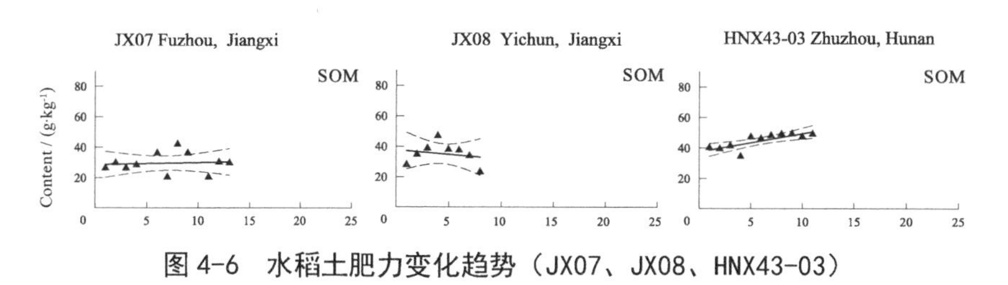

图 4-6　水稻土肥力变化趋势（JX07、JX08、HNX43-03）

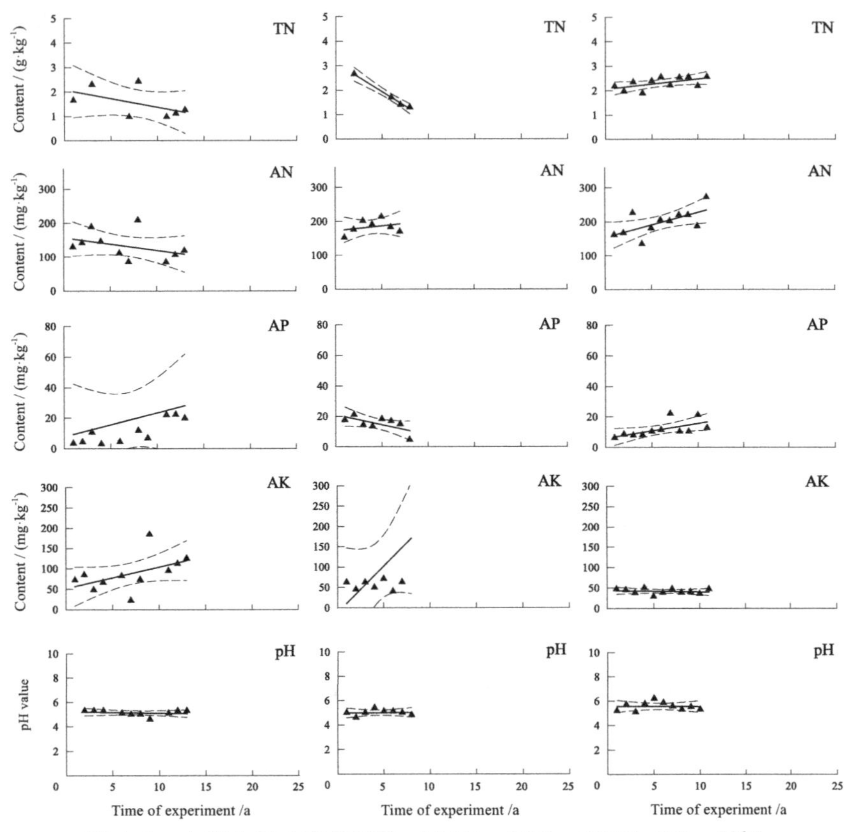

图 4-6 水稻土肥力变化趋势（JX07、JX08、HNX43-03）（续）

分析图 4-7 表明，从均值看，JX04 点的 SOM、TN 和 AK 均显著低于其他点对应指标，约为对应指标的 1/2，表明该点总体肥力显著低于另两点，且随时间呈下降趋势，说明目前所采用的施肥量不合理有待改进。另两点各肥力指标总体较高且多呈上升趋势，说明采取了合理的培肥措施。

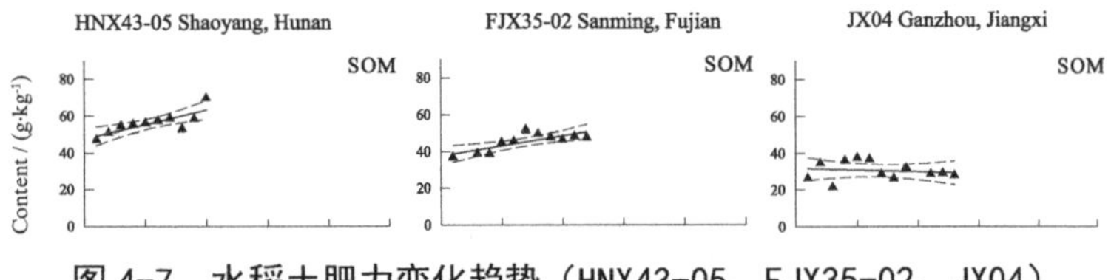

图 4-7 水稻土肥力变化趋势（HNX43-05、FJX35-02、JX04）

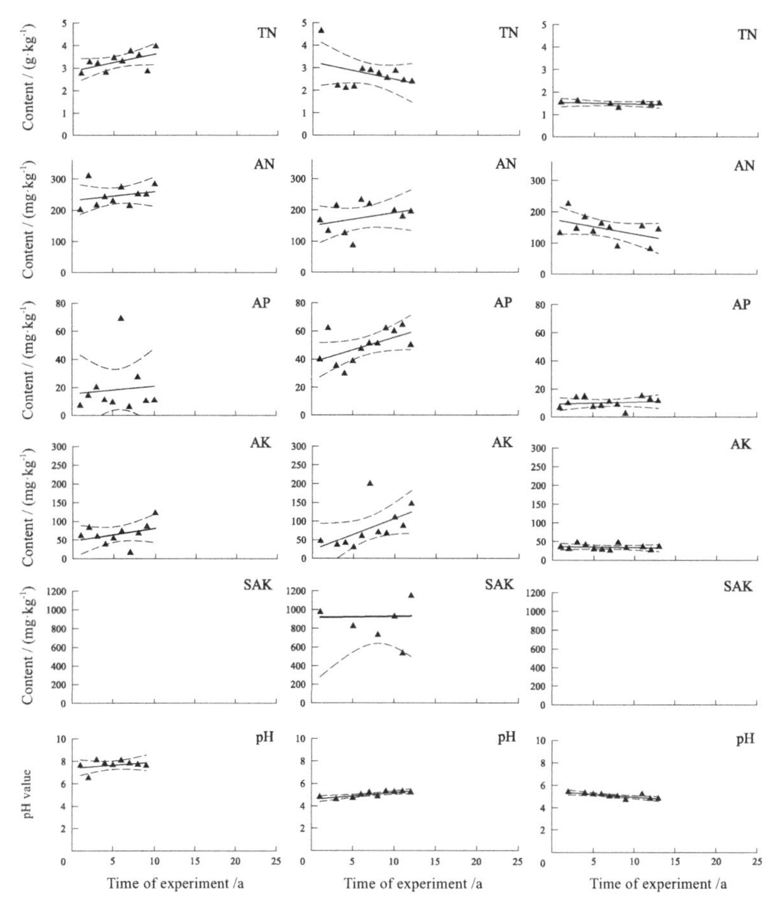

图 4-7　水稻土肥力变化趋势（HNX43-05、FJX35-02、JX04）（续）

分析图 4-8 可知，这 3 点除 GXX53-01 点的 AP 值较低外（第五章进行系统分析），其他两点 AP 呈显著下降趋势。从时间变化看，各点 6 个指标随试验时间变动相对稳定无显著上升或下降趋势，仅 GDX51-01 的 pH 值呈显著下降趋势。

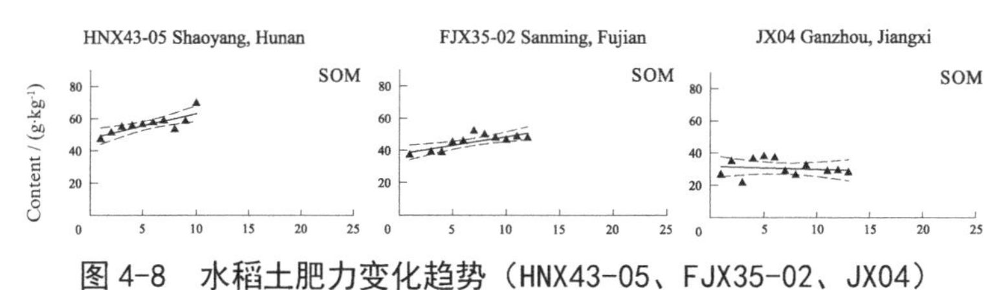

图 4-8　水稻土肥力变化趋势（HNX43-05、FJX35-02、JX04）

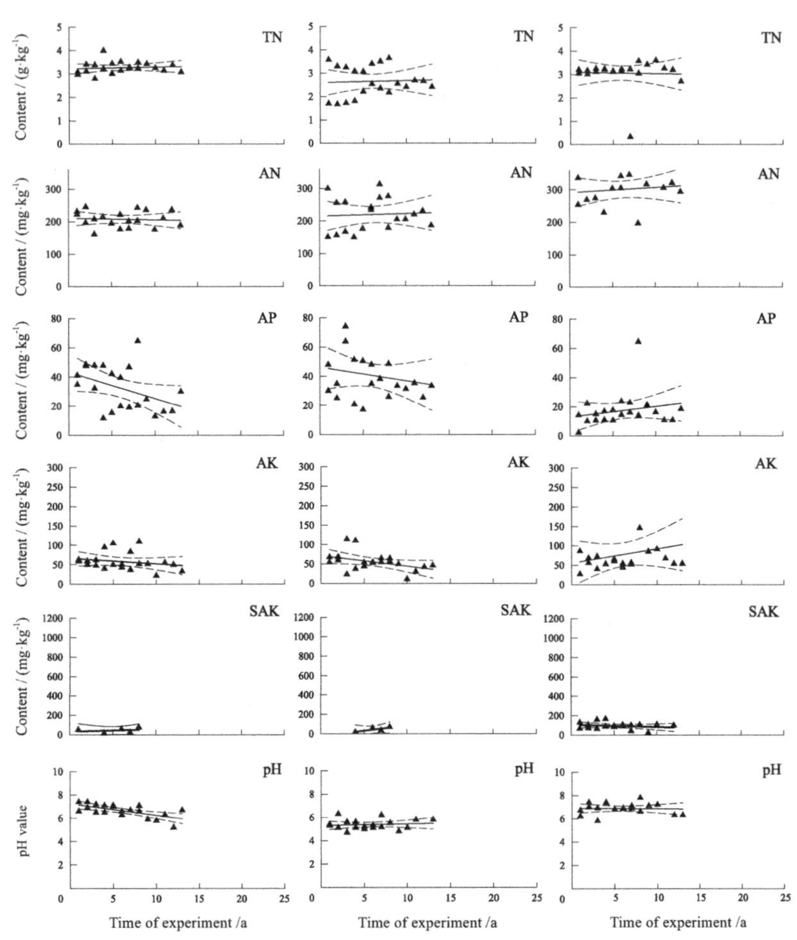

图 4-8 水稻土肥力变化趋势（HNX43-05、FJX35-02、JX04）（续）

从图 4-9 分析长期施肥条件下水稻土七大肥力指标变化趋势可知：GXX53-03 点的 SOM 较高，且随时间呈上升趋势，而 GXX53-04 点较低随时间略有下降。2 个试验点全氮含量与有机质较一致，无显著上升或下降趋势，均值最低的表明更多的氮从有机质中释放出来被作物吸收利用。土壤有效氮含量年际间变化较大，GXX53-03 的含量呈上升趋势而 GXX53-04 呈下降趋势，均未达到显著水平。GXX53-03 土壤有效磷含量各点年际间变化相对较小，随着试验年份均呈显著上升趋势，这与其产量变化较一致，而 GXX53-04 有效磷含量较高（40 $mg \cdot kg^{-1}$）无显著变化，表明当前这两点的施肥量不仅能维持作物吸收还能使土壤磷有所增加。

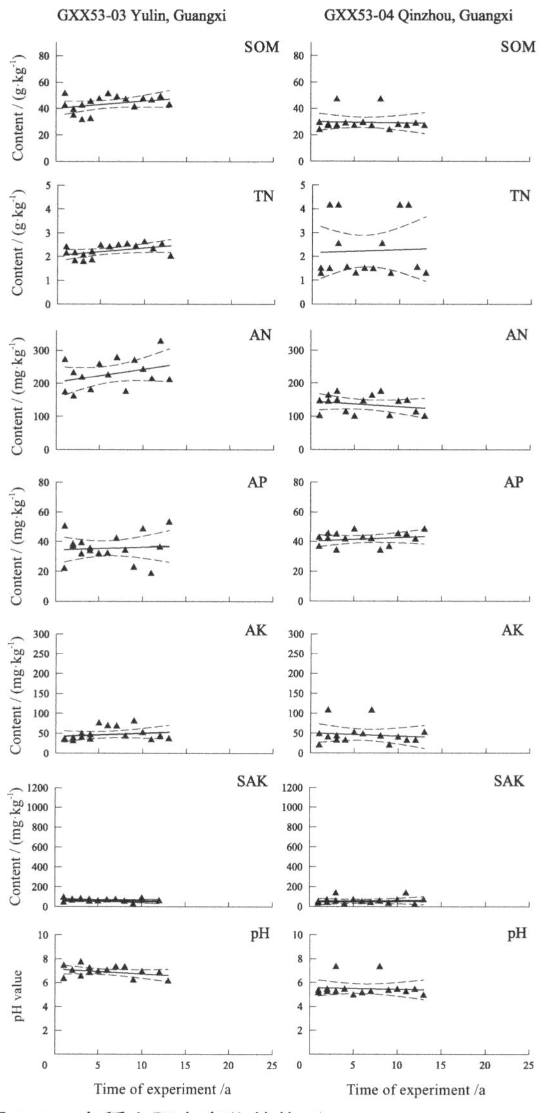

图 4-9　水稻土肥力变化趋势（GXX53-03、GXX53-04）

4.1.2 渗育型和淹育型水稻土主要肥力因素的变化趋势

分析渗育型和淹育型水稻土主要肥力因素的变化趋势图（图 4-10）可知，从均值看，两点的 6 个肥力指标较接近，其中 ZJX31-01 的 AP 随着时间呈极显著的上升趋势，总体表明该点肥力稳中有升，采用的为可持续的培肥模式。具体分析这两类水稻土，其有机质和全氮含量均呈显著上升趋势，而对于土壤碱解氮，有效磷和速效钾在渗育土中均呈显著上升趋势而淹育土无显著变化趋势，这 3 个指标是导致这两种土类产量变化趋势差异的重要肥力因素（渗育土籽粒和秸秆产量较高且稳定）。

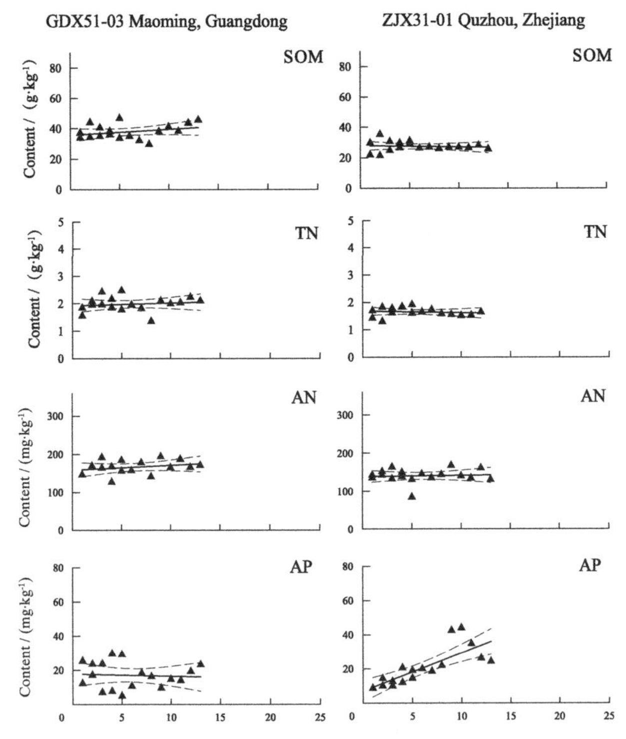

图 4-10 淹育型（左）和渗育型（右）水稻土肥力变化趋势

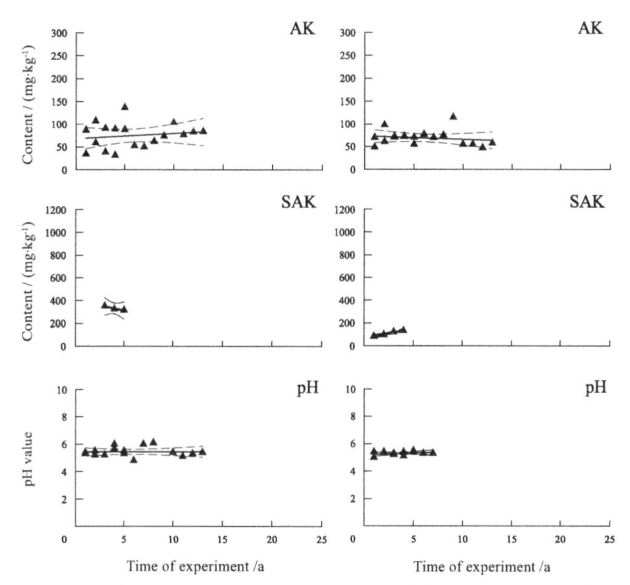

图 4-10　淹育型（左）和渗育型（右）水稻土肥力变化趋势（续）

4.1.3　南方水稻土主要肥力因素总体变化趋势

对 70 个双季稻常规施肥下各土壤肥力指标进行汇总作图，明确肥力的总体变化趋势（图 4-11），土壤有机质、有效磷、全氮含量及有效钾含量总体呈显著上升趋势，而土壤有效氮、缓效钾及 pH 随时间变化无显著上升或下降趋势，表明研究区域随着栽培时间持续，土壤总体肥力得到提升而呈上升趋势。

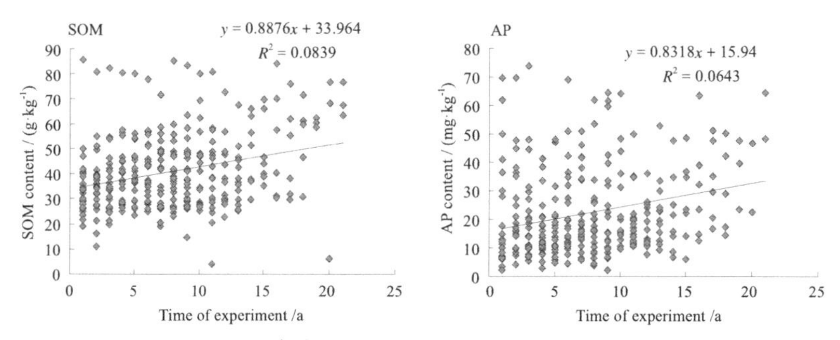

图 4-11　南方水稻土主要肥力因素总体变化趋势

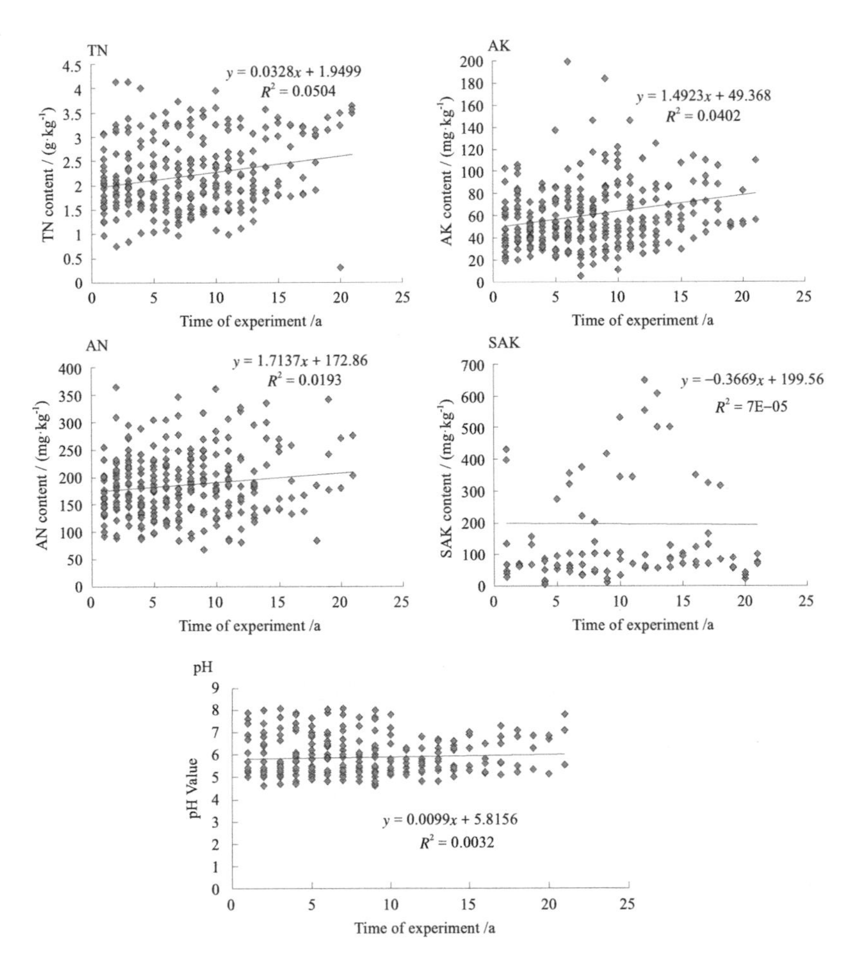

图 4-11 南方水稻土主要肥力因素总体变化趋势（续）

4.2 水稻土水稻产量变化特征的分析归纳

水稻土主要肥力因素变化速率统计分析

分析各试验点七大肥力指标随着时间年变化率（表 4-1）可知各指标变化不同。土壤有机质含量总体呈上升趋势，29 个试验点中，呈显著或极显著上升趋势的有 12 个占 41.4%，显著下降的有 2 个占 6.9%，其他点无显著变化，各点平均变化率为 0.43 $g \cdot kg^{-1} \cdot a^{-1}$；全氮含量中分析了 28 个试验点，其中呈显著或极显著上升的点有 7 个占 25.0%，下降的有 4 个占 14.3%，但平均变化速率为 0，表明上升的试验点多但幅度相对小，与下降的点相互抵消而持平；碱解氮相对前两个指标相对稳定，仅有 5 个呈显著变化，其中显著上升的为 3 个，2 个显著下降，各点平均变化速率为 0.79 $mg \cdot kg^{-1} \cdot a^{-1}$，总体呈上升趋势；土壤有效磷中，有 5 个试验点呈显著或极显著上升趋势，且主要分布在两广地区，无显著下降点，平均变化速率为 0.23 $mg \cdot kg^{-1} \cdot a^{-1}$；速效钾总体上也呈上升趋势，呈显著或极显著上升的点为 3 个，无显著下降点，平均上升速率为 2.42 $mg \cdot kg^{-1} \cdot a^{-1}$；土壤缓效钾只有 11 个试验点测定了该指标，其中有 3 个点呈显著上升趋势占 9.1%，平均变化速率为 4.08 $mg \cdot kg^{-1} \cdot a^{-1}$；土壤酸碱度仅有 1 个点（FJX35-02）呈极显著上升趋势，速率为 0.07，而有 3 个点呈显著下降趋势，各点总体平均变化速率为 −0.01，这与黄耀等（2011）研究结果一致，并认为是由于施用氮肥引起的普遍现象。

综上所述，常规施肥条件下，土壤有机质、碱解氮、有效磷、速效钾和缓效钾均呈上升趋势，而全氮保持不同，土壤酸碱度稍有下降。总体表现，常规施肥下南方水稻土肥力呈逐年上升趋势。

表 4-1　各试验点七大肥力因素年变化率

单位：有机质及全氮 $g \cdot kg^{-1} \cdot a^{-1}$，速效养分 $mg \cdot kg^{-1} \cdot a^{-1}$

试验点号	有机质	全氮	碱解氮	有效磷	速效钾	缓效钾	pH
AHX23-03	0.48	0.01	−3.62	0.73	1.37	24.54	
HBL43-03	−0.47	0.06	5.07	−0.22	7.97		−0.55
HBX43-03	1.40*	0.09**	3.55	−0.65	−1.03	24.56	0.04
ZJL31-02	−0.24		−1.39	−0.26	2.60		
HBX43-04	0.61*	−0.05*	2.41	−0.18	0.18	−3.71	
HNX43-01	1.19**	0.02	1.80	1.56	−0.97		0.05
HNX43-09	2.29**	0.09*	4.86	1.29	−0.80		0.02
ZJX31-01	0.48**	0.02**	−1.51	0.34	−0.40	0.58*	−0.01
JX08	−0.60	−0.18*	2.65	−1.31	22.79		0.01
JX03	−0.46	−0.03*	−3.98*	0.24	−1.06		0.03

续表

试验点号	有机质	全氮	碱解氮	有效磷	速效钾	缓效钾	pH
ZJL31-08	0.15	0.01	−0.63	−1.73	6.74*		0.05
JX01	0.75	0.01	−3.81	−4.20	1.04		0.04
HNX43-06	0.98**	0.04*	3.24	0.23	−2.51		−0.08*
JX05	−1.23	−0.05*	−3.73	0.95	2.69		0.01
HNX43-07	0.77*	0.01	1.81	−0.59	0.64		−0.04
JX07	0.13	−0.07	−3.68	1.56	5.28		−0.01
HNX43-08	0.74	0.05*	−0.84	0.23	−1.94		−0.05
JX06	−0.97*	−0.03	−3.67*	0.31	−2.33		
HNX43-03	1.19**	0.04	7.30*	0.97*	−0.33		
HNX43-05	1.56**	0.08	2.79	0.54	3.44		0.05
FJX35-02	0.92*	0.04	4.83	1.79	9.45	8.27	0.07**
JX04	−0.18	−0.01	−4.63	0.15	−0.32		−0.05*
GXX53-01	−0.36	−0.03	1.95	1.23**	3.94		−0.01
GXX53-03	−0.30	−0.02	2.06	−0.18	−0.68	1.55	−0.05*
GDX51-03	0.65**	0.03**	1.90*	1.18**	2.96*	−0.20	
GDX51-02	1.74**	0.10**	5.66**	1.43*	1.17	1.53	0.02
GXL53-06	1.95	−0.15	6.93	−0.40	6.77	−2.17	0.15
GXX53-04	−0.13	0.02	−3.03	0.58*	1.33	−2.88	0.03
GDX51-01	−0.59*	−0.01	−1.29	1.04	2.06**	0.96	−0.02
均值	0.43 ± 0.90	0.00 ± 0.06	0.79 ± 3.64	0.23 ± 1.21	2.42 ± 5.01	4.08 ± 9.53	−0.01 ± 0.11

4.3 水稻土主要肥力因素对其产量的驱动作用分析

研究南方水稻土水稻产量演变的主要目的之一是探究其主要驱动因子和规律，从而为生产服务。然而影响某一区域水稻产量的因素错综复杂，当前土壤学领域上把施肥作为提高土壤肥力的核心，关注施肥对土壤肥力的影响，分析施肥、土壤肥力及作物产量间的联系，从而更好地掌握对作物产量的驱动作用。分别把水稻土中所测定的 7 项肥力指标分别与早、晚稻产量变化趋势做相关分析表明，仅有早稻产量年变化趋势与土壤有效磷含量的关系达显著相关性，表明在当前情况下水稻土磷含量高低是影响早稻产量变化趋势的关键因素，这与前期长期施肥中的研究相一致（鲁如坤，2000），仅具体相关方程不同（长期施肥下其相关方程为 $y=2.9826x+74.619, R^2=4674$），此方程的 R^2 仅为 0.1479（图 4-12），相对低，可能是长期监测的试验多参照农民施肥，而长期定位施肥试验站的各管理措施相对严格所致，其机制还需要深入研究。

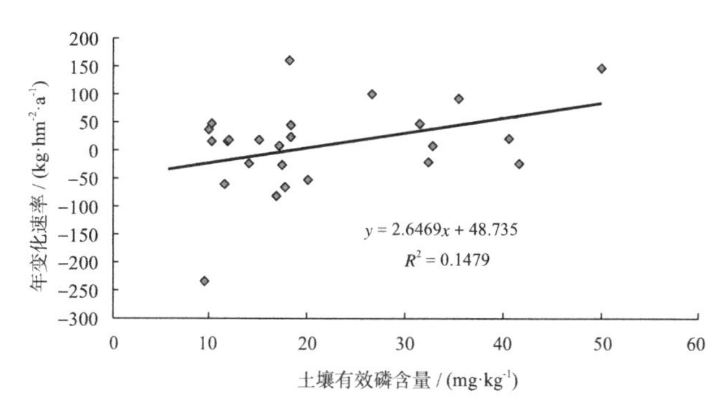

图 4-12　早稻产量年变化趋势与土壤有效磷含量的关系

4.3.1　土壤生产力呈上升及下降趋势的试验点土壤肥力变化特征

南方水稻土监测试验点的生产力变化趋势与主要肥力因素变化趋势的关系密切相关。土壤生产力呈显著上升点中有 10% 为土壤有机质、全氮、有效氮、有效磷和有效钾肥的含量整体上升所致；土壤有效磷呈上升趋势下导致生产力呈上升趋势，即使土壤有机质、全氮、有效氮含量呈下降趋势。

分析土壤生产力呈下降趋势的试验点土壤肥力变化特征可知：土壤有机质、全氮、有效氮、有效磷和有效钾肥的含量整体下降导致生产力呈相应的变化。土壤中有效磷低于 30 mg·kg^{-1} 时，其生产力呈下降趋势，与有效磷变化一致；土壤中有效磷高于 40 mg·kg^{-1} 时，其生产力变化趋势与土壤有机质、全氮、有效氮相关。早稻较晚稻对土壤中有效磷的含量更为敏感，在有效磷含量较低时易呈下降趋势。

4.3.2 水稻土主要肥力因素对其产量的驱动总体分析

分别对早、晚稻产量及主要土壤肥力指标数据完整且持续10年以上的部分点（AHX23-03、HBX43-03、HBX43-04、HNX43-01、HNX43-03、HNX43-06、HNX43-07、ZJL31-01、JX03、JX05、HNX43-09、HNX43-06、GXX53-04、GXX53-03 和 GXX53-01）依次进行通径分析，并依据通径系数累加及数据处理得到各个肥力要素对水稻产量的总体重要性（图4-13），第一肥力因素为土壤有机质（2.36 ± 0.59）和土壤有效磷（2.01 ± 0.15），第二为有效氮（1.67 ± 0.39）和土壤总氮（1.01 ± 0.77），而钾及pH在仅有1 ~ 2个点有较小影响，其他点未达到显著水平而不能入选。因占多数的试验点数据的完整性及持续性不能较一致地进行通径分析，所以需要改进方法增加材料以便更好地对产量的驱动因素进行系统深入的解析。

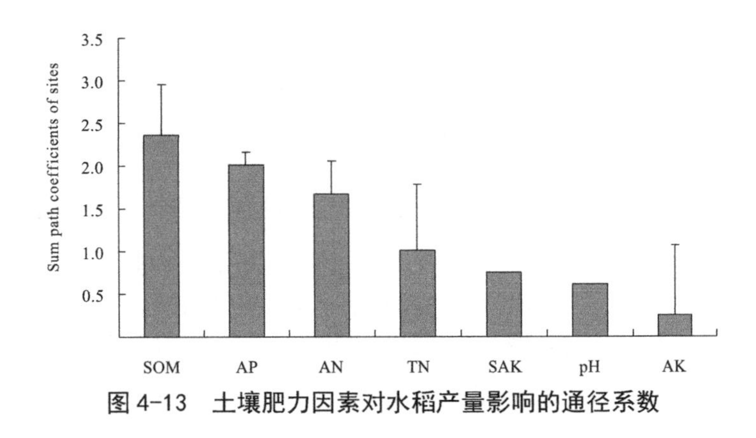

图4-13 土壤肥力因素对水稻产量影响的通径系数

4.3 本章小结

南方水稻土在常规施肥条件下其土壤肥力总体上呈上升趋势，其中土壤有机质含量及有效氮磷钾养分含量多呈显著上升趋势，全氮含量基本持平，而土壤酸碱度略有下降。从产量变化趋势与土壤七大指标变化趋势的一致性与否分析，驱动产量变化趋势的主要肥力指标主要有4个，从贡献大到小分别为有效磷、有机质、全氮和土壤酸碱度。

通过逐个分析部分试验点七大肥力指标对水稻产量影响，累加其通径系数表明，第一肥力因素为土壤有机质和土壤有效磷，第二为有效氮和土壤总氮，而钾及 pH 在所选择点中对产量的影响较小。系统分析表明，在各个主要养分肥力因素中，水稻产量对土壤中有效磷的含量更为敏感。土壤中有效磷低于 30 $mg \cdot kg^{-1}$ 时，即使土壤有机质、全氮、有效氮含量呈下降趋势，水稻产量仍然会随土壤有效磷含量增加而增加；土壤中有效磷高于 40 $mg \cdot kg^{-1}$ 时，其产量变化趋势受土壤有机质、全氮、有效氮含量影响。早稻对土壤中有效磷的含量较晚稻更为敏感。所以在有机肥与无机肥配合使用基础上，推荐施用足量磷肥（P_2O_5 50.0 ~ 63.9 $kg \cdot hm^{-2}$），且重在早稻季，可使南方双季稻高产稳产。

第五章 我国南方潴育型水稻土典型点水稻产量演变及其肥力驱动因素分析

潴育型水稻土是水稻土中一个重要亚类，起源于各类土壤的再积物及河流的冲积物或河湖相沉积物。所处的地形部位条件优越，种稻历史悠久，耕作制度以种植双季稻为主，水耕熟化程度较高，是我国粮食生产的主要基地（辛景树等，2008）。因灌溉水和地下水资源丰富，经长期的耕作培肥，加之周期性的排灌影响，氧化还原作用交替进行，土壤剖面分化明显，潴育层发育较好（黄昌勇，2000）。因此，潴育性水稻土一般具有较好的物理结构，利于高产，这时土壤养分含量则成为评价其肥力高低的重要指标，这为研究水稻产量的肥力驱动机制提供了基础。

土壤肥力高低直接影响着水稻的产量。长期定位施肥研究表明，合理施肥使土壤肥力得到培育，作物产量也呈逐年上升趋势（Zhang et al., 2010; Lan et al., 2012; 高菊生等，2013）。但在不同地点，因受气候环境以及施肥等人为管理的影响，土壤肥力对产量的驱动作用不同。研究者通过统计分析大量农场资料认为土壤肥力低是双季稻产量的主要限制因素（Inthavong et al., 2011），但不同区域影响水稻产量的因素较多且复杂（王莉莎等，2013），如不同母质发育的土壤对双季稻产量有显著的影响（于天一等，2013）。各肥力因素中，目前认为土壤磷为影响水稻产量的重要因子（Lan et al., 2012; 李忠芳等，2013）。但是较大的区域内引起产量变化的主要原因及相关原因尚不明确（Ladha et al., 2002），这就要借助长期施肥试验作为平台，选择土壤类型及管理相对一致的试验点，找出具体条件下影响地力的某一关键因素，这样才利于开展地力提升工作，其结果才更有价值（辛景树等，2008; Wang et al., 2011）。

综上可知，目前利用长期定位试验中不同施肥下生产力的演变趋势初步明确，同时对肥力因素的演变也做了一定研究，但这两者动态变化间关系如何，在不同肥力水平下有何差异，以及长期试验中各土壤肥力因素对产量的驱动在各点的差异及原因方面涉及甚少，有关潴育型水稻土尚无系统的研究。

本研究借助趋势图、方差分析、回归和通径分析，探讨我国南方典型潴育型水稻土产量和土壤肥力变化及空间变异规律，并着重遴选出不同地点及早、晚稻季驱动产量的主要肥力因子，以及驱动特征差异，为深入研究水田栽培条件下作物与土壤间的作用过程和机制，同时为该区域采取有针对性的措施，持续高效培育土壤和提升作物产品质量提供科学依据。

5.1　长期不同施肥下水稻产量差异

桂林点、玉米点和钦州点持续栽培水稻的 14 ~ 18 年，年均早、晚稻产量如图 5-1，不施肥条件下，各地产量均较低，早稻产量为 846 ~ 4222 kg·hm^{-2}，晚稻产量稍高在 666 ~ 4577 kg·hm^{-2}。3 点相比，玉林和钦州的不施肥水稻产量（3500 ~ 4577 kg·hm^{-2}）显著高于桂林（666 ~ 846 kg·hm^{-2}）。常规施肥条件下，3 个试验点水稻产量均显著高于不施肥处理（早稻 5047 ~ 5789 kg·hm^{-2}，晚稻 4426 ~ 5736 kg·hm^{-2}），各试验点间的产量无显著差异。表明施肥减少了基础肥力对产量的影响，但基础肥力较低的桂林点产量仍为最低。秸秆产量在不同施肥和不同试验点间的具体数值与籽粒产量响应一致。

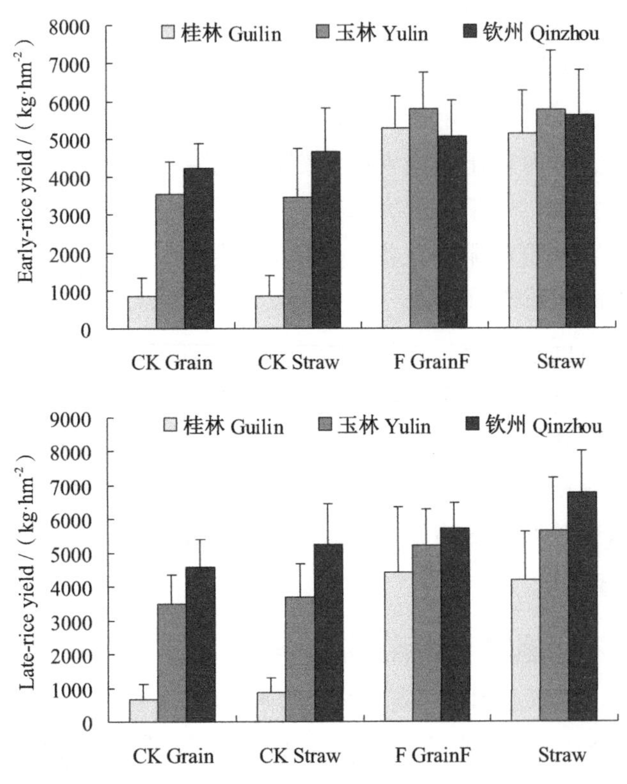

图 5-1　不同施肥条件下 3 个试验点早（上图）、晚稻（下图）平均产量

与不施肥相比，试验期内施肥可以显著提高各点水稻产量，其中桂林点提高的幅度最大，早稻籽粒和秸秆产量分别增产 522% 和 508%，而玉林点籽粒和秸秆增产率分别为 63% 和 67%，钦州点较小为 20% 和 21%。晚稻产量各地增产率与早稻一致。表明不施肥产量较低的低肥力区域增产率大。

5.2　长期不同施肥条件下水稻产量变化趋势

长期不同施肥条件下水稻产量呈显著 (r^*) 上升或下降的变化趋势（图 5-2）。不施肥条件下，桂林的早、晚稻籽粒和秸秆产量均呈显著 (r^*) 下降，下降速率 -43.8 ~ -36.1 $kg \cdot hm^{-2} \cdot a^{-1}$；钦州的早、晚稻均呈下降趋势但未达到显著水平，下降速率早、晚稻分别为 -39.6kg·hm^{-2}·a^{-1} 和 79.1 kg·hm^{-2}·a^{-1}（籽粒与秸秆均值）；玉林的早、晚稻产量稳中有升，晚稻年变化速率高于早稻为 20 ~ 30 kg·hm^{-2}·a^{-1}，其中晚稻秸秆的变化趋势达显著 (r^*) 水平下降速率为 96.1 kg·hm^{-2}·a^{-1}。

常规施肥下，各地的早、晚稻产量均呈上升趋势。玉林早、晚稻产量的整体上升明显，均达到显著或极显著水平，其中晚稻上升速率高于早稻达 15 ~ 31 kg·hm^{-2}·a^{-1}。桂林的晚稻产量上升最大，达极显著水平，籽粒和秸秆产量的年变化速率分别为 215.9 kg·hm^{-2}·a^{-1} 和 188.1 kg·hm^{-2}·a^{-1}，而早稻上升较小为 47.5 ~ 66.0 kg·hm^{-2}·a^{-1}，未达到显著水平。钦州的早、晚稻产量略有上升均未达到显著水平，在 44.1 ~ 100.3 kg·hm^{-2}·a^{-1}。

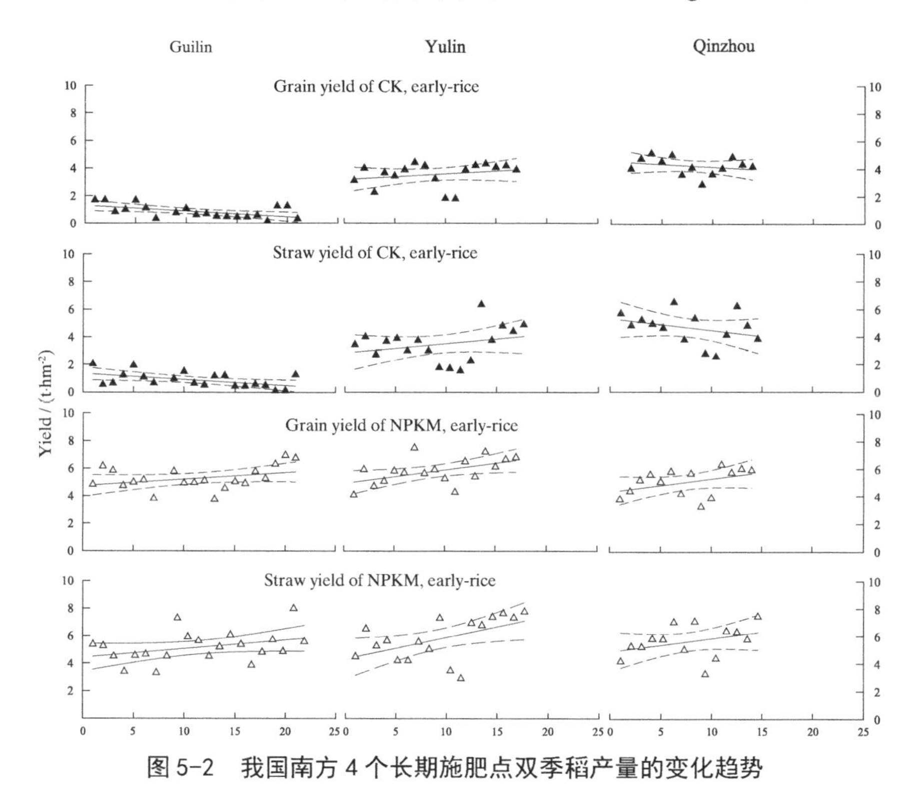

图 5-2　我国南方 4 个长期施肥点双季稻产量的变化趋势

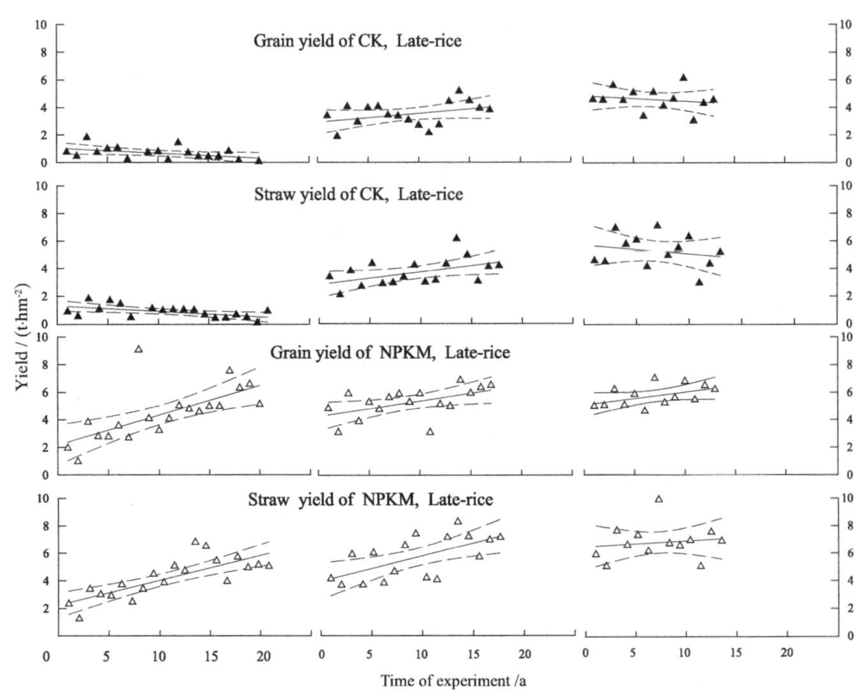

图 5-2 我国南方 4 个长期施肥点双季稻产量的变化趋势（续）

总体分析可知，不同试验点上，钦州的早、晚稻产量最为稳定，不施肥或常规施肥下其产量均随时间无显著变化。其次为玉林的早、晚稻，其产量在不施肥条件下较稳定，在施肥条件下呈显著上升趋势。桂林的早、晚稻产量变化对施肥的响应最为剧烈，不施肥下呈显著下降趋势，而施肥后晚稻产量呈极显著上升趋势，早稻未达到显著水平。表明基础地力高双季稻较稳定，早、晚稻变化趋势在各地对施肥的响应并不一致，可能与基础地力不同有关（表 5-1）。

表 5-1 长期不同施肥条件下水稻产量年变化速率 单位：$kg·hm^{-2}·a^{-1}$

地点	样本数	CK 籽粒		CK 秸秆		CF 籽粒		CF 秸秆	
	n	*b*	*r*	*b*	*r*	*b*	*r*	*b*	*r*
桂林早稻	20	−40.8	−0.54*	−43.8	−0.51*	47.5	0.35	66.0	0.37
桂林晚稻	20	−36.1	−0.47*	−41.3	−0.55*	215.9	0.66**	188.1	0.77**

续表

地点	样本数	CK 籽粒		CK 秸秆		CF 籽粒		CF 秸秆	
	n	b	r	b	r	b	r	b	r
玉林早稻	17	41.3	0.25	71.6	0.28	98.3	0.52*	162.4	0.53*
玉林晚稻	17	63.7	0.37	96.1	0.49*	113.3	0.52*	193.2	0.63**
钦州早稻	13	−39.5	−0.24	−90.1	−0.32	95.1	0.41	100.3	0.35
钦州晚稻	13	−39.7	−0.19	−66.1	−0.22	92.4	0.48	44.1	0.14

注: b 为趋势线的斜率表达年变化率，单位为 $kg \cdot hm^{-2} \cdot a^{-1}$; r 为拟合该趋势线的相关系数; 带 * 达 5% 显著水平， ** 达 1% 极显著水平。

5.3　长期施肥条件下水稻土主要肥力因素演变趋势

从图 5-3 分析长期施肥条件下水稻土七大肥力指标变化趋势可知：桂林有机质含量相对较玉林和钦州的高，且随时间呈上升趋势。3 个试验点全氮含量与有机质较一致，无显著上升或下降趋势，桂林的含量较高，最低为钦州的，表明更多的氮从有机质中释放出来被作物吸收利用。土壤有效氮含量年际间变化较大，桂林和玉林的含量呈上升趋势而钦州呈下降趋势，均未达到显著水平。土壤有效磷含量各点年际间变化相对较小，初始值较低（<10 $mg \cdot kg^{-1}$）的桂林和钦州的均呈显著或极显著的上升趋势，这与其产量变化较一致，而玉林点总体有效磷含量较高（40 $mg \cdot kg^{-1}$），无显著变化，表明当前这 3 点的施肥量不仅能维持作物吸收还能使土壤磷有所增加。

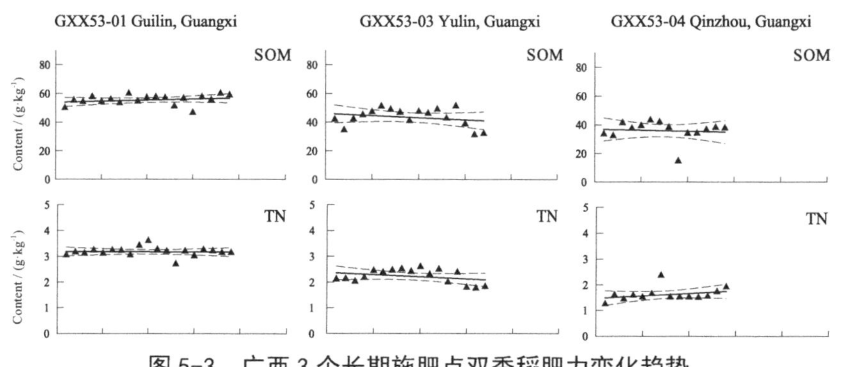

图 5-3　广西 3 个长期施肥点双季稻肥力变化趋势

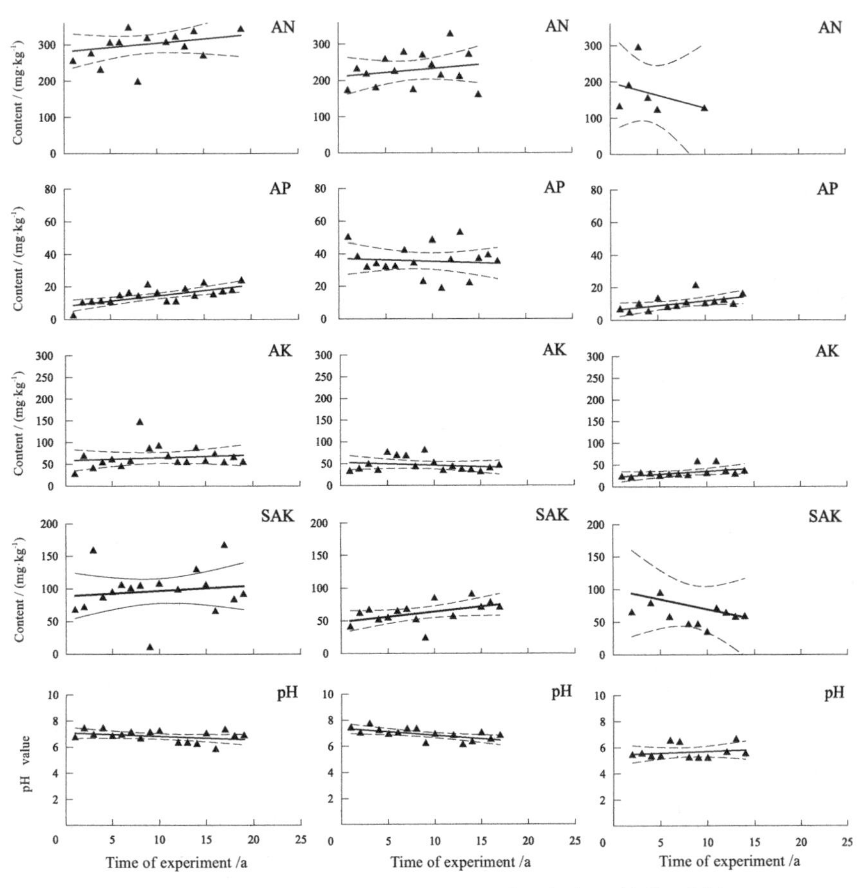

图 5-3　广西 3 个长期施肥点双季稻肥力变化趋势（续）

（各图中实线为趋势线，虚线内为 95% 的置信区间）

研究表明产量最高的处理需磷量较多导致全磷累积量少 (高菊生等， 2013)，所以高产的钦州点磷的积累量较桂林的少。3 个试验点中土壤有效钾和缓效钾，桂林的含量较高，随时间变化稳定，而另两个试验点含量较低，仅玉林的缓效钾呈显著上升，另外随时间略有下降，特别是钦州的下降较为严重，表明该点施钾量不足以维持作物吸收利用。土壤酸碱度仅玉林点呈极显著下降趋势 (r= −0.632 **)，另两个试验点较为稳定。

总体上，土壤肥力随时间变化稳定且部分呈上升趋势，表明长期施肥条件下水稻土肥力得到保持或提高（表 5-2）。低肥力土壤提高速率较大，如桂林点的土壤养分除了全氮外，其他均得到不同程度的提高，其中有效磷含量呈极显著增加趋势（r=0.716**），年增加速率为 0.649 $mg \cdot kg^{-1} \cdot a^{-1}$。同时，初始值含量相对较低的玉林点的缓效钾和钦州的有效磷含量均随着时间呈显著的上升趋势。而只有玉林点的 pH 呈显著下降趋势，研究认为施用氮肥引起酸化现象（Guo et al., 2010），玉林点的施氮量最高，在气温较高条件下引起 pH 呈下降趋势。

表 5-2　长期不同施肥条件下水稻土肥力变化速率

地点	参数	有机质 / ($g \cdot kg^{-1} \cdot a^{-1}$)	全氮 / ($g \cdot kg^{-1} \cdot a^{-1}$)	有效氮 / ($mg \cdot kg^{-1} \cdot a^{-1}$)	有效磷 / ($mg \cdot kg^{-1} \cdot a^{-1}$)	有效钾 / ($mg \cdot kg^{-1} \cdot a^{-1}$)	缓效钾 / ($g \cdot kg^{-1} \cdot a^{-1}$)	pH
桂林	r	0.248	−0.032	0.258	0.716**	0.142	0.135	−0.357
	b	0.149	−0.001	2.371	0.649	0.639	0.817	−0.027
玉林	r	−0.240	−0.312	0.208	−0.097	−0.215	0.482*	−0.632**
	b	−0.296	−0.017	2.175	−0.183	−0.681	1.555	−0.054
钦州	r	−0.080	0.327	−0.339	0.561*	0.488	−0.234	0.188
	b	−0.133	0.021	−7.010	0.583	1.334	−3.069	0.026

注：b 为趋势线的斜率表达年变化率，单位为 $g \cdot kg^{-1} \cdot a^{-1}$ 或 $mg \cdot kg^{-1} \cdot a^{-1}$；$r$ 为拟合该趋势线的相关系数；带 * 达 5% 显著水平，** 达 1% 极显著水平。

5.4　长期不同施肥条件下水稻土主要肥力因素对产量的驱动差异

分别对桂林、玉林和钦州点土壤的七大肥力因素与早、晚稻产量作通径分析，其结果如下。

桂林点早稻产量与各肥力因素的拟合方程为：$Y = 39.615x_4 + 4554.611$, ($r^2 = 0.263$), Y 为施肥籽粒产量，x_4 为土壤有效磷（AP）含量。x_4 标准化系数（通径系数）为 0.51274 ($P = 0.061$)；桂林晚稻产量与各肥力因素间不能达到 10% 最低显著水平，不适合进行相关分析。

玉林早稻产量与各肥力因素的拟合方程为：$Y = 11.516x_3+3135.814$，($r^2 = 0.377$)，Y 为施肥籽粒产量，x_3 为土壤有效氮（AN）含量。x_3 标准化系数（通径系数）为 0.61398 ($P = 0.026$)；玉林晚稻产量与各肥力因素：$Y = 94.714x_1+961.392$，($r^2 = 0.234$)，Y 为施肥籽粒产量，x_1 为土壤有机质（SOM）含量。x_1 标准化系数（通径系数）为 0.484 ($P = 0.094$)。

钦州早稻产量与各肥力因素：$Y = 104.221x_1-8.981x_5+1996.545$，($r^2 = 0.682$)，$Y$ 为施肥籽粒产量，x_1 为土壤有机质（SOM）含量。x_5 为有效钾（AK）含量，x_1 和 x_5 标准化系数（或直接通径系数）分别为 0.849 ($P=0.025$) 和 -0.498 ($P=0.122$)，依据通径系数分析表明其产量主要受 x_1 有机质影响，x_5 未达到 10% 的显著水平；钦州晚稻产量与各肥力因素：$Y = 1682.357x_2+2947.785$，($r^2 = 0.314$)，Y 为施肥籽粒产量，x_2 为土壤总氮（TN）含量。x_2 标准化系数（通径系数）为 0.560 ($P=0.073$)，依据通径系数分析表明其产量主要受 x_2 土壤总氮影响 [注：钦州点无有效氮（AN）的历史数据]。

综上可知，各地驱动水稻产量的肥力因素存在差异，各点主要驱动因素不完全相同，主要以第一肥力因素土壤有机质为主要因素（玉林晚稻、钦州早稻），其次为土壤有效磷（桂林早稻）、有效氮（玉林早稻）和土壤总氮（钦州晚稻），而钾在各点均未达到显著影响水平。

在本研究中，产量变化较大，特别是显著下降现象均出现在不施肥处理，但篇幅所限及因历史数据中不提供不施肥处理的土壤肥力因素的数据，使深入分析影响产量变化的主要因素有一定局限，有待下一步研究。

5.5 讨论

5.5.1 产量变化趋势

长期不施肥条件下，低肥力条件下（桂林）水稻产量最低且随时间推移呈显著下降趋势，而长期不施肥条件下，我国水稻总体产量较稳定，特别是单季稻无显著的下降趋势 (李忠芳等 , 2009b)，研究表明不同母质类型水稻土对双季稻养分吸收特性的影响不同。第四纪红土、板页岩及河流沉积岩为母质的土壤双季稻氮素总吸收量较高，石灰岩不利于水稻对磷素的吸收(于天一等, 2013)，而桂林点土壤母质为石灰岩，故产量低，玉林和钦州为砂页岩。同时低肥力且不施肥下玉林双季稻栽培地力得不到恢复而呈显著下降趋势。黄耀等（2011）研究认为基础贡献率高（即基础肥力高）作物产量相对稳定。部分高肥力的水田在不施肥条件下作物产量能维持较长时间，如本研究中玉林和钦州试验点水稻产量随时间变化较稳定（21 年），甚至个别呈显著上升趋势（玉林晚稻 $r = 0.49^{*}$），但这是在低水平下得稳产，也是生产上不可取施肥模式。而研究表明部分高肥力的水田周围氮的沉降及灌溉水带来少量养分使水稻产量不下降，而桂林点基础肥力低其不施肥产量呈下降趋势。

早、晚稻产量变化在各地有差异，高肥力区对施肥响应小，如钦州点，低肥力区对施肥响应大，如桂林点。研究认为，早稻对施肥的敏感程度大于晚稻(侯红乾等, 2011)。而本研究认为在中低肥力下，晚稻对施肥的响应较早稻大，而高肥力点早稻对施肥的响应较大。也可能与所在地的气温有关，如桂林点气温较低，早稻季易受低温影响。

长期施肥条件下，双季稻产量均呈上升趋势，特别是中低肥力的玉林和桂林达显著或极显著水平，这与目前的研究是一致的。

5.5.2　土壤肥力变化趋势及对产量的驱动差异

在土壤的各大肥力因素中，土壤有机质是最受关注也是最重要的因素，且其作用过程较复杂，在不同时空其效果差异大(赵明松等, 2013)。本研究的通径分析表明，南方双季稻中的玉林晚稻、钦州早稻产量其土壤有机质为第一肥力驱动因素，同时与有机质密切相关的土壤有效氮和土壤总氮也是这两地的主要驱动因素。这与有机质组成及矿化速率有关，研究表明耕作和配施化肥下土壤利于有机质矿化释放及作物增产，但不利于土壤有机质的积累(Ji et al., 2012)。持续施肥13 ~ 20 年，玉林和钦州的有机质有下降趋势而桂林点的有机质呈上升趋势，桂林点的有机肥施用比例相对小，显然玉林和钦州的有机质因矿化量大于桂林点，这可能与桂林的年均温相对较低利于有机质的积累有关 (Deborah et al., 2013)。这也正是土壤有效氮和土壤总氮成为玉林和钦州产量主要驱动因素的原因，从土壤全氮含量的变化趋势可以得到解释，全氮含量与有机质较一致，桂林的含量较高，最低为钦州的，表明更多的氮从有机质中释放出来被作物吸收利用，所以钦州的产量相对较高。因土壤有机质与氮含量有自相关性，故要区分这两者驱动大小差异还需一步深入研究。当然，有机质的变化及空间差异还与其他因素有关，有研究认为土壤的结构性因素（由土壤母质、地形、气候等非人为区域因素）对区域 SOM 空间变异起主导作用 (赵明松等 , 2013)。

本研究通径分析表明土壤有效磷是桂林早稻产量的主要肥力驱动因素。研究显示土壤有效磷含量低（施磷量不足导致）为水稻产量下降的重要原因 (Lan et al., 2012)，特别是早稻 (李忠芳等 , 2013)，而桂林点的土壤有效磷初始值低，施肥条件下磷含量及产量呈显著上升趋势，这与 Lan 的研究一致 (Lan et al., 2012)。所以，桂林点在初始阶段土壤磷素的不足，加上其母质为石灰岩不利于水稻对磷素的吸收 (于天一等 , 2013)，使之为该点水稻产量增长的限制性因素，鲁艳红等研究也表明磷素是制约长江中下游地区早稻生长的主要因素之一。与晚稻相比，早稻栽培的苗期（4 月）气温较低（桂林点的平均气温 12℃，低于另两点 4 ~ 6℃），土壤中磷的有效性低，而晚稻苗期温度（7 月，28℃）较高磷的有效性高。

5.6 本章小结

本章分析了广西桂林、钦州及玉林 3 个典型潴育性水稻土长期常规施肥（CF）和不施肥（CK）处理下，双季稻产量及土壤肥力随时间的变化趋势，并借助通径分析探明主要肥力因素对各点水稻产量的驱动差异和关联，为建立适宜该区域的可持续性培肥模式提供依据。不施肥条件下，桂林点的基础地力较低（各季产量均值 666 ~ 846 $kg \cdot hm^{-2}$），其产量随时间呈显著下降趋势，而玉林和钦州点基础地力相对较高（各季产量均值 3500 ~ 4577 $kg \cdot hm^{-2}$），其产量在试验期间相对稳定。常规施肥下，桂林点产量显著提高（较 CK 增产 522%），且随时间推移呈显著上升趋势，另两试验点较 CK 增产 20% ~ 67%。常规施肥下，土壤肥力随时间推移呈稳定或不同程度的上升趋势，其中土壤有效磷初始值较低（<10 $mg \cdot kg^{-1}$）的桂林点和钦州点上升幅度最大且均达到显著水平，而玉林点（初始值为 50 $mg \cdot kg^{-1}$）的变化较稳定。土壤有机质与全氮变化在各地不同，气温偏低的桂林点上有机质呈上升趋势且全氮含量较高（>3 $g \cdot kg^{-1}$），气温偏高的玉林点和钦州点有机质呈下降趋势且全氮含量较低（1.0 ~ 2.5 $g \cdot kg^{-1}$），表明有机质的累积和释放上的差异。双季稻产量的主要肥力驱动因子各地有差异，桂北地区桂林点土壤有效磷为首要因素，桂南地区玉林和钦州点土壤有机质及氮含量为主要的肥力因素。因此，依据区域特征采取有针对性措施是持续、高效培肥土壤的保证。

第六章　总结与展望

6.1　主要结果和结论

（1）总体上施肥显著提高水稻产量和土壤肥力，长期不施肥条件下水稻产量较低，集中在 2120 ~ 3960 kg·hm^{-2}，而长期施肥条件下集中在 4900 ~ 6320 kg·hm^{-2}；施肥可改变水稻的变化趋势，提升其高产稳产性，不施肥条件下不同类型仅有 10% ~ 20% 点呈显著下降趋势，施肥条件下仅 20% 点呈显著上升趋势，而其他的保持稳定。同时，施肥可提高水稻产量的可持续性指数（SYI），不施肥条件下 SYI 均值较低为 0.34，而施肥条件下 SYI 值为 0.66。南方水稻土在常规施肥条件下其土壤肥力总体呈上升趋势，其中土壤有机质含量及有效氮磷钾养分含量多呈显著上升趋势，全氮含量基本持平，而土壤酸碱度略有下降。

（2）研究南方水稻土监测试验点的主要肥力因素变化及对水稻产量驱动分析表明：土壤有机质、全氮、有效氮、有效磷和有效钾肥的含量整体下降或上升直接导致作物产量呈相应的变化。土壤中有效磷低于 30 mg·kg^{-1} 时，其产量趋势与有效磷变化一致，此时，土壤有效磷呈上升趋势作物产量呈上升趋势，即使土壤有机质、全氮、有效氮含量呈下降趋势；土壤中有效磷高于 30 ~ 40 mg·kg^{-1} 时，其产量变化趋势与土壤有机质、全氮、有效氮相关。而早稻较晚稻对土壤中有效磷的含量更为敏感。所推荐的施肥模式为化肥配合有机肥，施用足量磷肥（50.0 ~ 63.9 kg·hm^{-2}），且重在早稻季，可使南方双季稻高产稳产。

（3）通过分析 3 个典型潴育性水稻土长期常规施肥（CF）和不施肥（CK）处理下，双季稻产量及土壤肥力随时间的变化趋势表明：不施肥条件下，桂林点的基础地力较低（各季产量均值 666 ~ 846 kg·hm^{-2}），其产量随时间推移呈显著下降趋势，而玉林点和钦州点基础地力相对较高（各季产量均值 3500 ~ 4577 $kg \cdot hm^{-2}$），其产量在试验期间相对稳定；常规施肥条件下，桂林点产量显著提高（较 CK 增产 522%），且随时间呈显著上升趋势，另两试验点较 CK 增产 20% ~ 67%。常规施肥，土壤肥力随时间推移呈稳定或不同程度的上升趋势，其中土壤有效磷初始值较低（<10 $mg \cdot kg^{-1}$）的桂林点和钦州点上升幅度最大且均达到显著水平，而玉林点（初始值为 50 $mg \cdot kg^{-1}$）的变化较稳定。土壤有机质与全氮变化在各地不同，气温偏低的桂林点上有机质呈上升趋势且全氮含量较高（>3 $g \cdot kg^{-1}$），气温偏高的玉林点和钦州点有机质呈下降趋势且全氮含量较低（1 ~ 2.5 $g \cdot kg^{-1}$），表明有机质的累积和释放上的差异。双季稻产量的主要肥力驱动因子各地有差异，桂北地区桂林点土壤有效磷为首要因素，桂南地区玉林点和钦州点土壤有机质及氮含量为主要的肥力因素。因此，依据区域特征采取有针对性措施是持续、高效培肥土壤的保证。

6.2　创新点

本书主要通过拟合直线法从时间角度分析了 70 个试验点的不施肥和常规施肥下水稻产量演变趋势和土壤肥力变化趋势，以及其可持续性，并采用逐步回归与通径分析联合分析水稻产量与肥力驱动因素间的关系，系统研究了不同区域下潴育型、淹育型和渗育型水稻土的水稻籽粒和秸秆产量对施肥及土壤肥力变化的响应特征和差异，并借助通径系数筛选出影响作物产量的主要土壤肥力因素，初步探讨了影响双季稻产量的肥力驱动机制，其主要创新点如下。

（1）基于前期对 30 个长期施肥产量演变的研究上（李忠芳等，2009b; 李忠芳等，2010; 李忠芳等，2013），重点对南方水稻土进行深入研究，增加到 70 个长期定位试验点，在充分分析产量演变的同时，结合分析其肥力随时间的变化趋势，使之对产量变化特征有更深刻的认识。系统评价我国南方对长期培肥的响应特征。影响产量的因素众多且复杂，在不同试验点间由于存在着施肥量、施肥类型、有机肥养分含量、气候、土壤类型、轮作方式、人为管理等多方面的差异而难以对施肥的增产效果进行比较，本书通过指数法和趋势法对大范围比较产量的差异和肥力驱动特征做出了新的尝试。

（2）因土壤肥力与产量变化具有时间上的不同步性，在短期时间内更多受施肥的影响，特别是不同地点间差异较大。本书基于 70 多个长期定位试验积累的逐年产量和土壤肥力数据，通过逐步回归和通径系数法探讨影响产量多年变化的主要肥力因素及其程度，为依据区域特征采取有针对性措施促使持续、高效培肥土壤提供重要参考。因此，本书与一般的试验文章相比具有较高的系统性、完整性和长期性，其结果可为发展可持续性农业提供评价参考数值和数据支持。

6.3 存在问题及展望

本书以我国南方水稻土的长期监测试验为研究对象，选择了我国南方 70 个长期定位试验点水稻籽粒和秸秆产量、施肥量及土壤肥力等相关的数据材料，通过对其长期试验积累的重要数据材料进行整理分析，借助变化趋势及产量可持续性指数（SYI）等参数及通径分析法研究不同施肥模式、地理区域上的产量与土壤肥力演变的特征和联系，为国家制定全局的、长远的规划提供参考。这对于深入认识不同培肥模式下水稻产量变化特征及与肥力因素功能间的内在规律做出初步探讨，亦为合理培肥地力和发展可持续农业提供理论依据。研究结果具有重要的科学意义和实践价值，但仍然存在以下有待解决的科学问题。

与长期施肥试验同试验点上研究不同养分含量对作物产量的研究不同，广泛分布于南方各地的水稻土试验点则不适宜通过分析各肥力因素的绝对量大小与产量的关系，因相同的养分含量高低或变化在各试验点对水稻产量影响大小完全不同，这导致基于养分绝对含量上研究对产量影响的各种多素回归统计分析均无效。因此，有待进一步研究两种动态变化因素间的关系（即联立水稻产量变化趋势与多个肥力因素趋势的关系进行深入探究）探讨其相关规律，才能为引入和利于更多动态监测数据打开另一片新的研究领域。

曹志洪，周健民，2008. 中国土壤质量. 北京：科学出版社.

高菊生，徐明岗，董春华，等，2013. 长期稻 – 稻 – 绿肥轮作对水稻产量及土壤肥力的影响. 作物学报 (2): 343–349.

侯红乾，刘秀梅，刘光荣，等，2011. 有机无机肥配施比例对红壤稻田水稻产量和土壤肥力的影响. 中国农业科学，44(3): 516–523.

胡昊，白由路，杨俐苹，2009. 玉米不同器官元素分布对施肥的响应. 中国农业科学，42(3): 912–917.

黄昌勇，2000. 土壤学. 北京：中国农业出版社.

黄欠如，胡锋，李辉信，等，2006. 红壤性水稻土施肥的产量效应及与气候、地力的关系. 土壤学报，43(6): 926–933.

李红陵，王定勇，石孝均，2005. 不均衡施肥对紫色土稻麦产量的影响. 西南农业大学学报 (自然科学版), 27(4): 487–490.

李秀英，李燕婷，赵秉强，等，2006. 褐潮土长期定位不同施肥制度土壤生产功能演化研究. 作物学报，32 (5): 683–689.

李忠芳，2009. 长期施肥下我国典型农田作物产量演变特征和机制. 北京：中国农业科学院.

李忠芳，徐明岗，张会民，等，2009a. 长期不同施肥模式对我国玉米产量可持续性的影响. 玉米科学，17(6): 82–87.

李忠芳，徐明岗，张会民，等，2009b. 长期施肥下中国主要粮食作物产量的变化. 中国农业科学，42(7): 2407–2414.

李忠芳，徐明岗，张会民，等，2010. 长期施肥和不同生态条件下我国作物产量可持续性特征. 应用生态学报，21(5): 1264–1269.

李忠芳，徐明岗，张会民，等，2013. 长期施肥条件下我国南方双季稻产量的变化趋势. 作物学报. 39(5): 943–949.

莫兴国，林忠辉，项月琴，2003. 作物生长模型研究综述 . 作物学报，29(5): 750–758.

鲁如坤，2000. 土壤农业化学分析方法 . 北京：中国农业科技出版社：108–109.

陆景陵，2003. 植物营养学：上册 . 2 版 . 北京：中国农业大学出版社 .

马力，杨林章，沈明星，等，2011. 基于长期定位试验的典型稻麦轮作区作物产量稳定性研究 . 农业工程学报 (4): 117–124.

王伯仁，徐明岗，文石林，2005. 长期不同施肥对旱地红壤性质和作物生长的影响 . 水土保持学报，19(1): 97–100, 144.

王开峰，王凯荣，彭娜，等，2007. 长期有机物循环下红壤稻田的产量趋势及其原因初探 . 农业环境科学学报 (2): 743–747.

王莉莎，李勇，沈健林，等，2013. 应用回归树分析双季稻区水稻土地力特征 . 生态学杂志，32(1): 9.

王鑫，王莉，赵锋，等，2011. 长期不同施肥方式对江南稻田系统生产力与抗逆性的影响 . 生态与农村环境学报 (4): 62–68.

辛景树，徐明岗，田有国，等，2008. 耕地质量演变趋势研究 . 北京：中国农业科学技术出版社 .

徐明岗，黄鸿翔，2000. 红壤丘陵区农业综合发展研究 . 北京：中国农业科学技术出版社 .

徐明岗，梁国庆，张夫道，2006. 中国土壤肥力演变 . 北京：中国农业科学技术出版社 .

徐明岗，文石林，李菊梅，2005. 红壤特性与高效利用 . 北京：中国农业出版社 .

杨林章，孙波，2008. 中国农田生态系统养分循环与平衡及其管理 . 北京：科学出版社 .

于天一，逄焕成，唐海明，等，2013. 不同母质发育的土壤对双季稻产量及养分吸收特性的影响 . 作物学报，39(5): 896–904.

宇万太，马强，周桦，等，2007. 不同施肥模式对下辽河平原水稻生态系统生产力及养分收支的影响 . 生态学杂志，26(9): 5.

张会民，徐明岗，2008. 长期施肥土壤钾素演变 . 北京：中国农业出版社 .

赵明松，张甘霖，王德彩，等，2013. 徐淮黄泛平原土壤有机质空间变异特

征及主控因素分析 . 土壤学报 (1): 1–11.

赵其国 , 1997. 土壤圈在全球变化中的意义与研究内容 . 地学前缘 (Z1): 157–166.

ADAM M, VAN BUSSEL L G J, LEFFELAAR P A, et al., 2011. Effects of modelling detail on simulated potential crop yields under a wide range of climatic conditions. Ecological Modelling, 222(1): 131–143.

BARAK P, JOBE B O, KRUEGER A R, et al., 1997. Effects of long–term soil acidification due to nitrogen fertilizer inputs in Wisconsin. Plant and Soil, 197(1): 61–69.

BHATTACHARYYA R, KUNDU S, PRAKASH V, et al., 2008. Sustainability under combined application of mineral and organic fertilizers in a rainfed soybean – wheat system of the Indian Himalayas. European Journal of Agronomy, 28: 33–46.

BI L D, ZHANG B, LIU G R, et al., 2009. Long–term effects of organic amendments on the rice yields for double rice cropping systems in subtropical China. Agriculture, Ecosystems & Environment, 129(4): 534–541.

BOUBIÉ BADO, AW A, NDIAYE M, 2010. Long–term effect of continuous cropping of irrigated rice on soil and yield trends in the Sahel of West Africa. Nutrient Cycling in Agroecosystems, 88(1): 133–141.

CHAUDHURY J, MANDAL U K, SHARMA K L, et al., 2005. Assessing Soil Quality Under Long–Term Rice–Based Cropping System. Communications in Soil Science and Plant Analysis, 36: 1141–1161.

CHAUHAN S K, CHAUHANC P S, MINHAS P S, 2007. Effect of cyclic use and blending of alkali and good quality waters on soil properties, yield and quality of potato, sunflower and Sesbania. Irrigable Science, 26: 81–89.

DILYS S M, ROLF S, PAUL L G, et al., 2009. Vlek, Modeling the impacts of contrasting nutrient and residue management practices on grain yield of sorghum (Sorghum bicolor (L.) Moench) in a semi–arid region of Ghana using APSIM. Field Crops Research, 113(2): 105–115.

FAN T L, STEWANRT R B A, WILLIAM A, 2005. Long–Term Fertilizer and Water Availability Effects on Cereal Yield and Soil Chemical Properties in Northwest China. Soil Science Society of America Tournal, 69, 3; ProQuest Biology Journals: 842–855.

FAN T L, XU M G, ZHOU G Y, et al., 2007. Trends in grain yields and soil organic carbon in a long–term fertilization experiment in the China Loess plateau American–Eurasian Journal of Agriculture. & Environ. Science, 2: 600–610.

GHOSH P K, DAYAL D, MANDAL K G, et al., 2003. Optimization of fertilizer schedules in fallow and groundnut–based cropping systems and an assessment of system sustainability. Field Crops Research, 80: 83–98.

GUO J H, Liu X J, ZHANG Y, et al., 2010. Significant Acidification in Major Chinese Croplands. Science, 327(5968): 1008–1010.

HAO M D, FAN J, WANG Q J, et al., 2007. Wheat grain yield and yield stability in a long–term fertilization experiment on the Loess Plateau. Pedosphere, 17(2): 257–264.

INTHAVONG T, FUKAI S, TSUBO M, 2011. Spatial Variations in Water Availability, Soil Fertility and Grain Yield in Rainfed Lowland Rice: A Case Study from Savannakhet Province, Lao PDR. Plant Production Science, 14(2): 184–195.

Ji X H, WU J M, Peng H, et al., 2012. The effect of rice straw incorporation into paddy soil on carbon sequestration and emissions in the double cropping rice system. Journal of the Science of Food and Agriculture, 92(5): 1038–1045.

LADHA J K, DAWE D, PATHAK H, et al., 2003. How extensive are yield declines in long–term rice–wheat experiments in Asia? Field Crops Research, 81(2–3): 159–180.

LADHA J K, REGMI A P, PATHAK H, et al., 2002. Pandey, Yield and soil fertility trends in a 20–year rice–rice–wheat experiment in Nepal. Soil Science Society of America Journal, 66(3): 857–867.

LADLA J K, PATHAK HIMANSHU, TIROL-PADRE A, et al., 2003. Productivity trends in intensive rice-wheat cropping systems in Asia.

LAN Z M, LIN X, WANG F, et al., 2012. Phosphorus availability and rice grain yield in a paddy soil in response to long-term fertilization. Biology and Fertility of Soils: 1-10.

LI Z F, XU M G, ZHANG H M, et al., 2009. Grain yield trends of different food crops under long-term fertilization in China. Scientia Agricultura Sinica, 42(7): 2407-2414.

LI Z P, LIU M, WU X C, et al., 2010. Effects of long-term chemical fertilization and organic amendments on dynamics of soil organic C and total N in paddy soil derived from barren land in subtropical China. Soil & Tillage Research, 106(2): 268-274.

LINSLER D, GEISSELER D, LOGES R, et al., 2013. Temporal dynamics of soil organic matter composition and aggregate distribution in permanent grassland after a single tillage event in a temperate climate. Soil and Tillage Research, 126(0): 90-99.

LITHOURGIDIS A S, DAMALAS C A, GAGIANAS A A, et al., 2006. Long-term yield patterns for continuous winter wheat cropping in northern Greece. European Journal of Agronomy, 25: 208-214.

MAJUMDER B, MANDAL B, 2007. Soil organic carbon pools and productivity relationships for a 34 year old rice-wheat-jute agroecosystem under different fertilizer treatments. Plant Soil, 297: 53-67.

MALTAIS-LANDRY G, LOBELL D B, et al., 2012. Evaluating the Contribution of Weather to Maize and Wheat Yield Trends in 12 US Counties. Agronomy Journal, 104(2): 301.

MANNA M C, SWARUP A, WANJARI P H, et al., 2005. Long-term effect of fertilizer and manure application on soil organic carbon storage, soil quality and yield sustainability under sub-humid and semi-arid tropical. India Field Crops Research, 93: 264-280.

MOHANTY M, SAMMI REDDY K, PROBERT M E, et al., 2011. Modelling N mineralization from green manure and farmyard manure from a laboratory incubation study. Ecological Modelling, 222(3): 719-726.

PELTONEN-SAINIO P, JAUHIAINEN L, LAURILA I P, et al., 2009.Cereal yield trends in northern European conditions: Changes in yield potential and its realisation. Field Crops Research, 110(1): 85-90.

REGMI A P, LADHA J K, PATHAK H, et al., 2002. Pandey, Yield and soil fertility trends in a 20-year rice-rice-wheat experiment in Nepal. Soil Science Society of America Journal, 66(3): 857-867.

SHARMA K L, MANDAL U K, SRINIVAS K, et al., 2005. Long-term soil management effects on crop yields and soil quality in a dryland Alfisol. Soil & Tillage Research, 83: 246-259.

SHEN S H, YANG S B, ZHAO Y X, et al., 2011. Simulating the rice yield change in the middle and lower reaches of the Yangtze River under SRES B2 scenario. Acta Ecologica Sinica, 31(1): 40-48.

SINGH R P, DAS S K, Rao U M B, et al., 1996. Towards Sustainable Dryland Agriculture Practices. Bulletin, CRIDA, Hyderabad, India: 5-9.

TIROL-PADRE A, LADHA J K, 2006. Integrating rice and wheat productivity trends using the SAS mixed-procedure and meta-analysis. Field Crops Research, 95(1): 75-88.

TURNER N C, ASSENG S, 2005. Productivity, sustainability, and rainfal-use efficiency in Australian rainfed Mediterranean agricultural systems. Australian Journal of Agricultural Research, 56: 1123-1136.

WANG X, WANG L, ZHAO F, et al., 2011. Effects of different long-term fertilization regimes on crop productivity and stress resistance of the double rice cropping system in the hilly area south to the Yangtze River. Journal of Ecology and Rural Environment, 27(4): 62-68.

WANJARI R H, 2010. Singh Muneshwar, Yield trend, nutrient efficiency and sustainability major cropping systems under long-term experiments in India. Indian Journal of Fertilisers, 6(12): 122-136.

Wenna L, Wenliang W, Xiubin W, et al., 2007. A sustainability assessment of a high-yield agroecosystem in Huantai County, China. International Journal of Sustainable Development and World Ecology, 14: 565-573.

XU M, ZHANG H, ZHANG F, 2009. Long-term effects of manure application on grain yield under different cropping systems and ecological conditions in China. Journal of Agricultural Science, 147: 31-42.

YADAV R L, DWIVEDI B S, PRASAD K, et al., 2000. Yield trends, and changes in soil organic-C and available NPK in a long-term rice-wheat system under integrated use of manures and fertilisers. Field Crops Research, 68(3): 219-246.

ZHANG B, BI L D, LIU G R, et al., 2009. Long-term effects of organic amendments on the rice yields for double rice cropping systems in subtropical China. Agriculture Ecosystems & Environment, 129(4): 534-541.

ZHANG H M, Xu M G, Shi X J, et al., 2010. Rice yield, potassium uptake and apparent balance under long-term fertilization in rice-based cropping systems in southern China. Nutrient Cycling in Agroecosystems, 88(3): 341-349.

ZHANG H M, Xu M G, Zhang F, 2009. Long-term effects of manure application on grain yield under different cropping systems and ecological conditions in China. The Journal of Agricultural Science, 147(1): 31-42.

ZHANG W J, XU M G, WANG B R, et al., 2009. Soil organic carbon, total nitrogen and grain yields under long-term fertilizations in the upland red soil of southern China. Nutrient Cycling in Agroecosystems, 84: 59-69.

ZHANG W J, XU M G, WANG B R, et al., 2009. Soil organic carbon, total nitrogen and grain yields under long-term fertilizations in the upland red soil of southern China. Nutrient Cycling in Agroecosystems, 84(1): 59-69.

致 谢

感谢博士后导师逄焕成研究员、博士研究生导师徐明岗院士、师兄张会民研究员，以及长期工作在施肥试验点的所有成员，感谢大家对于本项目的大力支持！

李忠芳

2023 年 10 月